Never Too Small
—— Reimagining Small Space Living

50平米的家就足够好了

〔澳〕徐国麟 〔澳〕乔尔·比思
〔澳〕伊丽莎白·普莱斯—著 杨蔚—译

天津出版传媒集团
天津人民出版社

家永远不会太小

未来的城市生活会是什么样？越来越多的人开始认同可持续生活的理念。只是，减少浪费并不代表牺牲舒适性。相反，它促使我们开始思考"家"的要素。

许多人认为，减少碳足迹对星球的影响就意味着要收缩我们的活动范围。在"家永远不会太小"[1]频道，我们始终相信：住得好一些，并不等于要住得大一些。过去修建的老房子往往难免破旧过时，可设计师们总能发挥创造力，在极其有限的空间中打造出舒适又迷人的住宅。这样的工作令人着迷，于是，《50平米的家就足够好了》诞生了。它原本是视频网站上的一系列作品，致力于介绍澳大利亚墨尔本的各种小户型住宅。渐渐地，作品得到世界各地观众的关注，我们便随之将目光转向了全球的小户型住宅。

在这本书里，我们将继续沿着这条道路前进，挑选出那些设计精妙的住宅加以展示，书中的每一个案例都在逼迫设计师突破极限，生发创意。我们为这些别出心裁的设计叫好，它们重新评估了快乐与舒适的成本，探讨了如今住户的生活需求该如何得到满足，同时，重新思考了现有住宅改造升级、焕然一新的可能。

1　家永远不会太小（Never Too Small），是由徐国麟创立、致力于分享全球小户型住宅设计的家居平台，其在 YouTube 视频网站开设的账号目前已拥有超过 200 万订阅用户。——编者注

出现在本书中的设计师大都醉心于小户型住宅里的可持续生活，只是个中缘由不尽相同。对有的人来说，这个行业所造成的资源浪费恰恰是他们寻求更好解决方案的驱动力；而另一些人的初衷，则是希望保护那些身处城市中心地区的建筑遗迹。当然，他们无一例外都很喜欢这种"螺蛳壳里做道场"的挑战——这样的挑战可真不少。他们需要了解客户的需求，剔除并不那么必要的期望，善加利用平面图上每一寸长、宽、高的空间，同时，还要营造出一种近似于大户型设计所带来的家常感。

书里的每一位设计师都有各自应对挑战的独特方式。每一位读者朋友，都可以从中受到启发，在自己家里大显身手。比如：整合储物空间，将它们隐藏起来；巧用隔断，实现空间的多功能化；利用不同材料，区分不同的功能区域；充分利用光线，营造出超过实际面积的空间感……好点子有的是。

今天，小户型住宅的设计比以往任何时候都更有意义。我们希望，通过展示这些出色的住宅样本，能有助于改变人们对于"家"的固有观念。

目 录

设计 50 平米的家

本书分为五个部分，阐述小户型住宅的五大通用设计理念，它们分别是：多功能的家、把小家放大、无中生有的空间、老破小的复兴、家的未来式。

多功能的家 Diversify

小户型住宅要求室内空间具备多功能性，能够随时根据住户的需要切换为不同的生活空间。这个部分重点展示了一些极具创造性的设计——只要触碰一下按钮，或是抽出隐藏的面板，一个截然不同的空间就出现了。在杰克·陈的经典街头公寓（参见第25页）里，餐厅中隐藏着一个折叠的滑动桌板，只要轻轻一拉，整个空间便能瞬间变身，另作他用。

把小家放大 Amplify

流动的光线和空气在室内无处不在，对于一流的小户型设计师来说，善用光影就是他的第二理念。布拉德·斯沃茨的玩偶公寓（参见第53页）里，一面移动式的板条落地大屏风能够横贯整间公寓，完成室内空间分区，在营造出私密感的同时，最大限度地满足了各个"房间"的采光与通风需求。

无中生有的空间 Expand

在这个部分，我们不得不为设计师们拍手叫好——他们没有通过拆除室内的建筑结构来换取空间，相反，这些大胆的梦想家"变本加厉"地增加墙体或其他看似笨重的定制品来创造空间。在Llabb建筑设计事务所打造的作品里维埃拉船屋（参见第151页）里，额外添加的全尺寸定制墙体就"凭空"变出了两个卧室和大量储物空间。这是一个惊人的范例，告诉我们：原来，"多"也可以是"少"。

老破小的复兴 Revive

野兽派风格的建筑得到了极简主义的改造，也让我们见识到小户型设计师们让"老破小"焕发新生的手段。SAM建筑设计事务所的作品巴比肯单间（参见第207页）位于伦敦金融城中最惹人厌恶的大楼巴比肯庄园中。然而，在一群天才室内设计师的努力下，丑陋的大楼摇身一变，成了如今城内最受追捧的住宅区之一。

家的未来式 Innovate

我们展望未来，探寻设计师们如何通过三维打印技术推动建筑设计的新发展，又是如何撼动我们对于单身住宅中有关隐私的观念。不是任何人都能接受把浴缸装在客厅里的，可Studio Edwards打造的微豪宅（参见第243页）就这样做了。这是一位单身人士的家，有什么理由不将一个如此独特、如此引人瞩目的居家好物骄傲地展示出来，让人大饱眼福呢？

Part One: Diversify

第一部分：多功能的家

创造多功能的空间

　　打造多功能区域是最大化利用小户型空间的明智之举。对于想使住宅住起来感觉比实际面积再宽敞些的人来说，根据自己的需求和习惯为同一个空间赋予多种功用，是个很有诱惑力的想法。

　　要做到这一点，设计师的创造力是必不可少的。在小户型住宅的设计中，每一寸可资利用的空间都是宝贵的，设计师必须发挥创造性的思维，设计出可转换多种用途的空间。例如，在杰克·陈的经典街头公寓中，并没有传统的独立就餐区域。然而，只要轻轻抽出隐藏在厨房和客厅区域之间的一块面板，就能立刻拥有一个足够招待六名客人的大餐桌。与此类似，在尼古拉斯·格尼设计的单间公寓塔拉公寓里，灯光成为功能区的转换标记。客厅的顶灯安装在一条滑轨上，能够随住户的意愿而移动调整，照亮不同的家具或设计品。

　　"简单"是打造多功能空间的关键。在家中，这些小小的设计元素常常需要实现两种（有时甚至是三种）功能，因此，偏重精巧而非实用性的设计就难免显得累赘。无论经典街头公寓的隐藏式餐厅，还是塔拉公寓的滑轨照明，这些住宅都克制地将设计界定在恰如其分的范畴内，也就是说，一切都以"为住户提供更多便利"为原则。

开罗公寓

    任何一个改造过极小户型的设计师都会告诉你，这是一个数字游戏——以平米和层高、厘米和毫米为单位的数字游戏。就一间公寓而言，唯有四壁之内能让你施展手脚。卧室大了，厨房就只能小。想要个洗碗机？那就和重要的储物空间说再见吧。

    不过，游戏也并不总是这样简单的取与舍。来自 Architecture architecture 建筑设计事务所的迈克尔·罗珀认同多功能化的设计原则，也就是说，赋予某一空间或某样家居设施两项甚至三项功能。这一点与大面积住宅单一空间往往单一的功能不同。

24平米
Architecture architecture
澳大利亚，墨尔本，菲茨罗伊

对页图　宽大的窗户和玻璃格子门创造了良好的采光，让房间内部也能与开罗公寓著名的花园共享充沛日光

　　面对区区24平米的可用空间，罗珀的一切苦心谋划都只为了一个目标：无论面积多小，开罗公寓[1]都能满足你对于一个家的所有期待——有地方做饭，有地方就餐，有地方学习、放松，有地方好好睡觉。

　　最初，罗珀是为自己打造了这个空间，但他并没有忽略未来的住户。在设计中，尽量用多功能设施换取更多的实用价值。尽管如此，设计师依然必须小心，以免凭空生出太多"任务"，换句话说，就是不要设置太多需要变化、折叠或隐藏的东西。常用功能应当简单易得，次要功能需要隐藏起来，只待必要时出现。两者之间必须达成平衡。如果不得不一天好几次地随着时间段或使用需求的变化调整房间功能，很容易让人陷入心力交瘁的状态。因此，开罗公寓的多功能设计着实让罗珀花费了不少心思。

1　开罗公寓（Cairo Flats）是位于墨尔本市中心郊区菲茨罗伊（Fitzroy）的一座列入遗产名录的公寓楼。该建筑由设计师贝斯特·奥弗伦（Best Overend）于 1935 年设计，并于 1936 年建成。——编者注

当你走进这间公寓的主起居空间时，迎面而来的是一幅惊人（而且非常有舞台感）的落地帘。白天，它为塞得满满当当的开放式储物空间提供遮挡，其他时间则充当着公寓大窗的窗帘，让住户可以在星期天安心享受睡懒觉的乐趣。

拉开帘子，宽敞的储物空间便出现在眼前。阅读角的旁边立着一个书架，三级的脚踏可以充当第二把座椅，也可以作为台阶使用，方便住户拿取书架顶上够不到的书。

如果把床收起来，空出来的区域便可以作为厨房和起居室之间的传菜区。罗珀把常规的厨房门改成窗户，为这个区域赋予了第二重功用。做饭时，这个窗台是连接厨房与餐厅／客厅两处的通道。在夜里，它就变成了床头柜，可以放书和水——如果住户习惯拉上遮光帘睡觉，这儿还能再放一个闹钟。

如果没有巧妙的设计，开罗公寓很容易让人觉得它就只是个容人安身的火柴盒子间。只要随便扔进去一张普通的双人床，它就会是一间毫不出奇的单间公寓。然而，罗珀提供了一个展现多功能性的出色范本。的确，每天起床后都得把床收起来，这是有点麻烦，但最大的麻烦也就仅限于此了。

具备多功能性且便于住户操作，这样的室内设计能让类似开罗公寓的住宅长久保有吸引力。罗珀希望开罗公寓这样的历史建筑遗产能长久存在，因此，他并没有局限于自己一人的需求，而是进一步预想了未来住户可能的需求。同时，这套公寓也是一份声讨书，声讨大兴土木造成的资源浪费。"周而复始地不断拆除旧房子，再重建新房子，这是对环境的不负责任。"罗珀说，"我们真正应当思考的是，如何为我们已经拥有的建筑赋予新的生命。"

左图　常规的双人床会让整个公寓显得狭小幽闭。这张折叠床完美解决了公寓空间不足的问题

右图 阳光宜人的工作间里放着一张木头书桌，周围摆放着艺术品、值得收藏的书籍和装饰绿植

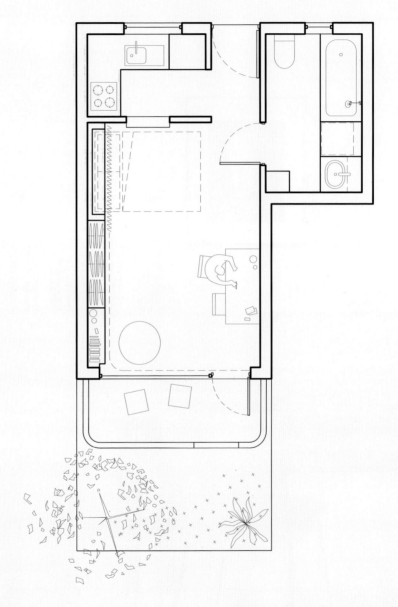

对页图 平日里，这个储物区完全隐身于一
面落地大帘子背后。一旦拉开帘子，它就是
公寓里兼具实用性与吸引力的一大亮点

对页图　在开罗公寓兴建之初，这些悬空式样的台阶被认为是混凝土应用的一大创新

上图　白天，折叠式的大床隐身在帘子后面，留出了厨房与其他生活区域间的衔接通道，一扇小小的传菜窗口正对这一区域

塔拉公寓

在住过纽约一间极简主义风格的微型公寓后，塔拉公寓的屋主满怀热情地希望将同样的概念原样照搬回自己位于悉尼伊丽莎白湾的家中。因此，想要复刻那些干净利落的线条，营造出主人想要的平静感，选择热情倡导极简主义与还原主义的设计师尼古拉斯·格尼就是一件理所当然的事情。

32平米
Nicholas Gurney
澳大利亚，悉尼，伊丽莎白湾

对页图　将沙发、床和公寓的主储物空间都集中到一面功能墙上，为平面留出更多自由行动的空间

　　格尼的建筑设计事务所擅长将紧凑的空间转化为兼具功能性与舒适性的住宅。塔拉公寓以其所在的装饰艺术风格大楼命名。设计这间只有32平米的公寓，挑战在于如何在实现功能性的同时，保证空间不显得太局促。解决方案？将大部分功能需求上墙，在房间的一侧打造一面功能墙。

　　这面惊人的功能墙集合了主储物空间、一张低矮的四人沙发和一张只需要移开几个沙发垫就可以拉下放平的大床。对于屋主来说，能在家中待客是头等大事。因此，自然有了这样的决定：放弃传统床具，留出一个开放、流动的社交空间，拥抱公寓人生。

　　格尼为功能墙的橱柜面板选择了银灰色的拉丝金属锻压板，一来看中它坚固耐久的特性，二来是因为它能实现"很有定制感，有点像昂贵的高档轿车"的效果。整面功能墙高达天花板，最大限度地拓展储物空间，墨蓝色的沙发嵌在墙体内，下拉床也是一样。

　　功能墙的金属锻压板材质延续到厨房区域，只是厨房以明亮的白色调为主，为的是尽可能利用水槽背后两扇推拉窗的采光——这也是整个房间唯一的自然光源。

格尼想通过这种材料产生类似发光灯箱的效果：光线照在白色防溅板和金属板台面上，能轻快地反射开去，照亮室内空间。整体橱柜的把手和所有电器都被隐藏起来，再次提升了厨房的现代感。

另一个与墙同高的橱柜充当了厨房与浴室之间的视觉区隔线，一台大容量的冰箱被藏在橱柜里。浴室选用了磨砂玻璃门。借助这个设计，门内门外两个区域可以相互"借光"，共享照明。"灯箱"的概念再一次被复制到了浴室中：除了少量使用铬合金提亮的地方和一面全身镜外，整间浴室都是纯白色的。和主屋一样，光线从唯一的窗口照进浴室，在墙面之间来回反射，有效提升了室内的明亮度。同时，满墙白色小马赛克拼出几何图案，放大了浴室原本局促的空间。

公寓的分区原本是一大难题，但格尼对光线的运用在营造氛围和功能分区上起到了至关重要的作用。夜间，隐藏在天花板和淋浴间吊顶的灯条亮起，让浴室沐浴在柔和的光线中。现在，让我们回到起居区。安装在吊顶轨道上的灯带有亮度调节功能，也就是说，它们可以根据住户的需要移动位置、调节明暗，照亮不同的区域——也许是一件艺术品，也许是一把阅读椅。

塔拉公寓是以功能性为核心的设计成果，也是格尼结合自身工业设计背景的信心之作。对于设计师来说，将一套公寓改造成更加舒适、实用而又迷人的空间，是一系列"产品"合力发挥效用的过程。比如，紧贴在水龙头背后的厨房窗帘流畅自然地垂落下来，这个过程所带来的巨大满足感很容易被视为理所当然。在格尼打造的塔拉公寓里，类似的细节还有很多，它们不会大叫大嚷、喧宾夺主，扰乱房子的宁静与极简主义的审美风格，恰恰相反，它们各自发挥作用，共同提升着幸福感。

对页图　尽管只有一组推拉窗，主屋还是相当明亮。因为厨房里干净的白色台面和防溅板强化了光照

19

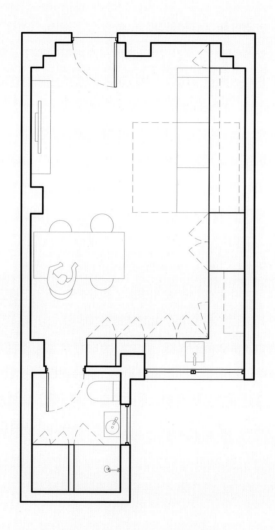

上图 白色的主色调（使用少量铬金属提亮）一直延展到浴室，在这里，淋浴喷头上方的隐藏式灯条打造出一个明亮的空间，掩盖了浴室本身的狭小局促

上图 只需简单一拉，就能将隐藏在墨蓝色
沙发背后的下拉床放下，安然入睡

下图 充足的储物空间对住户来说至关重
要，它们被完美地集合在功能墙中

对页上图 浴室的磨砂玻璃门不但提供了隐
私保障，还能充当背景灯箱

对页下图 放弃传统大床，为房间留出充足
的就餐和娱乐空间

经典街头公寓

模样毫不起眼，还没有电梯——单看外观，你多半会觉得这栋黄砖楼房没有任何出奇之处。墨尔本近郊充斥着这类 20 世纪 70 年代的火柴盒式公寓楼，和那些装饰艺术风格的大楼比起来，它们的确缺乏吸引力。然而，聪明的住户看重的，是它们的建筑与装修品质、宽敞的楼内实用面积和中等密度生活环境所带来的价值与空间。

35平米
Tsai Design
澳大利亚，墨尔本，里奇蒙德

对页图 餐桌是经典街头公寓里最巧妙的设计之一，只要拉出隐藏的桌板并展开，它就会"凭空"出现

　　正是基于这样扎实的基础条件，设计师杰克·陈才有了对自己这套经典街头公寓的设想：我要试试把一套大房子装进一间小公寓里。在区区35平米的空间里打造出一个光线充足、功能多样的住宅，需要真正的远见卓识。杰克·陈做到了，他让经典街头公寓远远超越了它在平面图上的平米数。

　　通常，设计师在面对小房型住宅时做的第一件事就是移除多余部分，比如拆掉内墙，让光线与空气流动起来，同时留出活动空间。可是，杰克·陈在重新设计经典街头公寓时，并没有对房屋结构做出任何改动，相反，他将注意力集中在做加法上——再加点儿什么，才能创造出多功能的空间？

　　他的设计概念在厨房和浴室展现得最清晰。在这里，科技与自然相会，影像与光线碰撞，空间的扩张与收缩随着住户的需求而改变。浴室里，天然材料的运用将户外纳入了室内。淋浴间铺上木地板，绿墙上留着青苔，开阔的大窗最大限度地引入阳光。厨房和浴室之间也有一扇玻璃窗，能让光线穿过，兼顾两个空间的采光。

只是从厨房直接看到浴室，显然让人有所顾虑。好在这不是问题：只要按下开关，带来顾虑的窗户就会变得模糊，不再透明。

厨房的最大亮点是环绕在木制橱柜之下的黑色防溅板，以及长达3米的操作台。这么小的公寓，安排这么宽敞的备餐空间可以说是闻所未闻。也许你会说：恕我直言，为此牺牲一个正儿八经的就餐区实在是没有必要。然而，就餐区的缺失只是设计师刻意营造的又一个错觉。只需在厨房与起居区之间的隔板上轻轻一拉，一张足够招待六位客人的折叠式餐桌便出现了。

经典街头公寓是极简实用主义的完美范例。它深刻理解住户的需求，以及各项需求出现的频率，进而根据预期的用途与频率为室内的每一项功能赋予适当的可视性——应当以怎样的方式实现，平时是亮出来，还是藏起来。这间公寓的住户就是杰克·陈本人，他希望享受生活，却不想占据宝贵的平面空间，因此，在用餐时间之外，便将餐厅的桌椅都藏了起来。他一个人生活，浴室和厨房之间只隔一道透明墙也毫无问题，更何况，它还能随时变得不透明，保护客人来访时的隐私。调研住户对于空间使用的真实需求至关重要。陈作为自己的客户，自然有能力打造这样一个家：它能够平衡功能与形式，契合自己眼下乃至于未来的生活方式。

对页图　杰克·陈希望每个部分的空间都是多功能的，而且在执行单一功能时，这个空间都应该是一个完整的功能区。当客厅区域的大电视机出现时，这里毫无疑问就是个娱乐室

上图　同样是这个空间，当想要学习或工作时，有可能分散注意力的电视机就被藏进了组合橱柜背后，一个量身打造的工作室原地现身。滑门隐藏了卧室，同时巧妙地充当了构思创意的工具白板

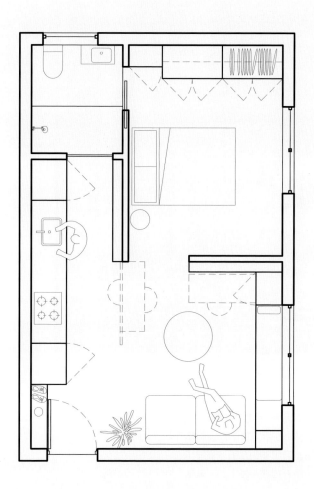

上图 自然光涌入卧室，木材和白色材料的
内饰让房间显得更加明亮，更通风透气

对页图 总面积只有 35 平米的公寓没有空
间可以浪费。所以，起居室的整面墙都被用
作储物空间。自行车悬挂在沙发上方，就像
是一件艺术品。这是应对小户型住户日常挑
战的独特解决之道

乔治公寓

对于WHDA建筑设计事务所的道格拉斯·万而言，设计一个家，就是选择一种讲故事的方式。这位设计师试图通过空间设计来构建一种叙事，呈现一段带有多层次透视的线性旅程。它可以是隐藏，也可以是显露。有时候，它又是一种拒绝，不到故事彻底说完，绝不急于步步推进，更不会提早揭晓结局。

28平米
WHDA
澳大利亚，墨尔本，菲茨罗伊

对页图 钢梁横跨公寓屋顶，嵌入式置物架的
设计是对它的模仿与呼应

上图 白色砖墙与公寓最主要的自然光源配合，进一步提升了多功能起居室的明亮度

　　这间28平米的公寓是道格拉斯·万自己的家，地处墨尔本菲茨罗伊区的乔治街。它累积了无数细小的设计决策，每一个决策都在述说设计师的自家故事。这套公寓位于一栋20世纪50年代的单间公寓楼里，原本是为附近一家医院修建的护士宿舍。原来的公寓，进门就是一个小厨房，往里走是卧室兼起居区，旁边有一个独立浴室。现在的公寓看起来并没有对原始布局进行翻天覆地的改造，但事实上，设计师拆掉了室内原有的一切硬装，从头开始，为实现自己心目中理想的空间分配与设计提供了最大的自由。拆除所有内墙，就意味着需要一根工业风的钢梁来横贯整间公寓，加固建筑结构，支撑天花板。

公寓进门就是厨房，这片黑色亚光的区域是万打造的第一个"层次"。黑色橱柜和操作台面之间嵌着一个出餐口，透过窗口的空隙可以瞥见雪白、明亮、充满吸引力的室内空间。但它并不是最抢眼的。你第一眼看到的，一定是门口和厨房地面上搭配深红色勾缝的黑色瓷砖。浴室位于厨房左边，登上一级台阶便可进入。浴室地面与墙壁沿用了同样的黑色瓷砖和红色勾缝，既避免材料浪费，又制造出空间的延续感。盥洗台后面巧妙地安装了一面全身镜，可以在浴室门打开时带来"还有一层空间"的感觉。这几片紧凑却充满戏剧性的区域被狭长且富有延伸感的胶合板过道"框"在了一起。这片区域的地面整体抬高，不仅方便容纳管线排布，还在地板下留出了收纳鞋子的空间。至于大衣柜和洗衣设施，则藏进了与墙同高的整体壁橱中。

穿过胶合板过道，展现在眼前的是一个开放式的起居／睡眠空间。设计师放弃了传统家具，希望以"最简单的样子"来布置这里，他选择打造一个能看到风景的胶合板地台。三列窗格组成的大窗不但为室内提供了充足的光照，更让住户能一眼望见邻居花园与菲茨罗伊街区屋顶组成的风景。地台被设计为一个多功能区，与双面开门的厨房橱柜相连，同时有意识地在周围与下方加设了储物空间。地台既是床榻，也是餐厅，得益于悬空的高度，床垫可以轻松收进台板下方。需要它扮演餐厅的角色时，只要收起床垫，架起漂亮的餐桌，再摆上几个坐垫，就能招待最多八个人一同舒适就餐。与澳大利亚家庭常见的餐厅比起来，这种休闲娱乐式的风格更接近日式住宅，但这也要求住户具备更高的接受度。当今世界，往往要求设计适应人的行为与功能需求，可道格拉斯·万却想创造一种家具，让人去适应它。

在道格拉斯的叙事中，或许景观是最终的谜底与奖赏，但诸多小细节才是他身为讲述者的最好证明。在置物台温柔的呼应下，承重钢梁从功能性角色升华成了设计元素。起居区域里刷成白色的粗糙砖墙与公寓里众多光滑笔直的线条形成鲜明反差。胶合板的细木饰面与砖墙交会，煞费苦心地中和了后者的凹凸与不完美——这才是最后的点睛之笔，有了它，道格拉斯精心构建的故事才算得上完整。

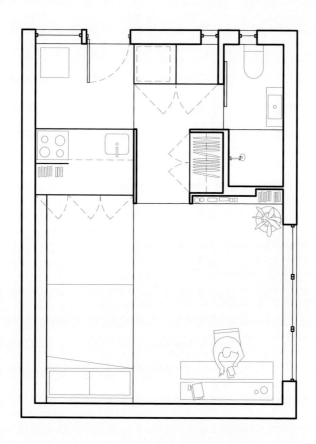

对页图　浴室里瓷砖与地缝的戏剧性组合碰
撞出科幻感，光线透过两面磨砂玻璃窗进
入，愈发烘托出这样的氛围

上图 切换成卧室模式的地台

对页图 将床垫整齐地收入地台下方，加上
一张简单的餐桌和几个坐垫，就能将地台变
成就餐区域

兔子场

在悉尼的内西城,有一片大名鼎鼎的兔子场。这个名字来自一座修建于 19 世纪中期的庄园。庄园占地 130 公顷,原主人是商人兼政治风云人物托马斯·霍尔特。当年庄园里最引人注目的,是一座维多利亚时期的哥特式大厦、几间土耳其浴室、一群奇珍异兽和整整一个养兔场的兔子——因为霍尔特对打猎情有独钟。

49平米
Nicholas Gurney
澳大利亚,悉尼,马里克维尔区

对页图 金色镜面柜板一举定义与展现了兔子场独特的折中主义美学

　　如今，除了这个名字和一对重新立起的柱子，曾经的庄园再没留下多少痕迹。然而，这间49平米的公寓依然和大楼的名字一样，那么与众不同。这幢三层大楼建于20世纪60年代，共有18间公寓。它绝非极简主义的圣地，恰恰相反，它公开反对克制与还原主义的审美趣味。这片城郊地带以其富于创造力著称，这间兔子场正是一位艺术家的家。

　　尼古拉斯·格尼和其同名事务所在这里遇到的最大挑战便是艺术家屋主的要求：在保留公寓现有氛围的基础上，提升功能性。极简主义往往是小空间生活最终的现实选择，但格尼必须将屋主的个性放在设计的第一位。屋主还提出了一项硬性要求：打造一个专属空间，用来展示盆栽植物、艺术品和其他藏品，并为将来更多藏品预留空间。为了满足这个要求，格尼拆除了原本分隔主卧与其他区域的内墙，代之以一个中央收纳柜墙。柜墙表面采用金黄色镜面，可以反射环境光，同时凸显不拘一格的藏品所带来的冲击。

打通空间的另一个动机，是将原来的卧室改造成艺术工作室。为此，卧室被挪进原来的浴室（宽度刚好够嵌进一张大号双人床），浴室则挪到原来的洗衣房。中央收纳柜墙还起到了区隔空间的作用。墙体一侧是卧室和相邻的浴室，另一侧是屋主的工作室，前方则是融厨房、餐厅、生活空间于一体的多功能区域。柜墙本身整合了衣柜、综合储物空间、洗衣机、绘画用具收纳区和一个用于艺术创作的内嵌式工作台。内嵌式工作台采用磨砂黑色台面，一方面是为了避免与金色镜面的柜板形成视觉冲突；另一方面，也是出于日常使用中实用性与耐久性的考虑。电视机被安置在柜墙正面，与后者融为一体，上下的置物架也采用了与之呼应的黑色饰面。

金色面板为卧室增加了温暖感，同时让这一区域感觉变大了。卧室区域的地面抬升了两级台阶的高度，下方空间与中央柜墙贯通，在这个增设的空间里还能再放下一张备用床。这张床可以从工作室的一侧抽出，只要拉上藏在柜墙里的帘子，工作室就能变身成第二个卧室，用来招待客人。

为了满足屋主对大量展示空间的需求，浴室塞进一个淋浴／泡浴两用浴缸之外，还配备了一个小浴缸——你也可以称它为"花园"，因为它是给植物用的。屋主希望每个房间里都有植物。这个巧妙的设计同时与反光的白色光面瓷砖和白色浴帘相互映照，使浴室显得更加开阔。

兔子场的这位屋主对于颜色和材质有相当深刻的理解，对希望营造的氛围也自有一套想法。最终，设计师成功打造了一个具备高功能性、独一无二的家，不仅忠实表达了屋主的独特个性，更重要的或许还在于，它展现了一种可能性：乏味的空间是可以被改造得趣味盎然的。

对页图 屋主不接受极简设计，要求在平面空间里为他的艺术品、盆栽植物和其他珍贵藏品提供充足且可扩展的展示空间

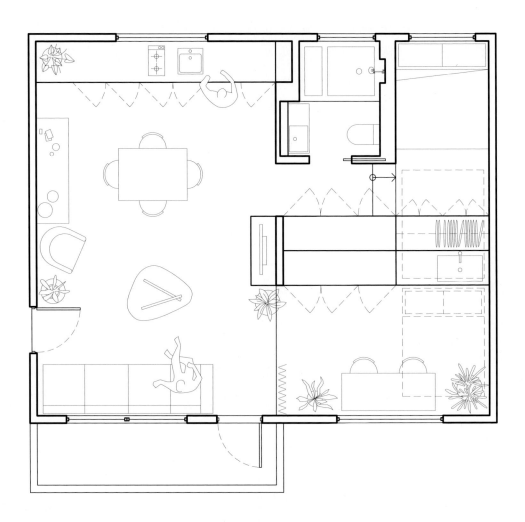

46

上图 只要将隐藏的床垫抽出，工作室就能
瞬间变身客卧

上图 柔和的灯光自中心柜墙与墙面的接缝
处流出，将视线引向空间后侧，卧室就嵌在
这个原本是浴室的角落里

对页图 厨房区具备一切常规厨房的设施和
功能，却在设计师的巧妙设计下隐身于周边
环境之中。这里没有吊柜，整个区域更像是
艺术品的展示空间

Part Two： Amplify

第二部分：把小家放大

充分发掘现有资源

小户型设计的普遍定律是你真正需要的其实没有那么多。当然，我们承认住宅面积是设计的基础，但采光、通风和墙体面积同样需要纳入考虑。如果不能深思熟虑，找到充分利用并放大这些元素的方法，小户型住宅就难免给人幽闭、昏暗的感觉。

如何最大化地实现采光和通风，充分利用住宅面积，是小户型设计师首先考虑的问题。在iR arquitectura团队设计的布宜诺斯艾利斯的变装室里，非必要的墙体被统统拆除，换来更多开阔空间。曾经逼仄幽暗的几个小房间变成一个敞亮的家，感觉比真实面积大多了。在这个案例里，拆除墙壁的好处显而易见，但住户也不得不在私密性上做出让步。如何寻找其中的平衡，是小户型设计师常常面对的问题。

借助一面木条拼成的滑动式落地大屏风，布拉德·斯沃茨打造的玩偶公寓努力达成了两者的平衡。在这处悉尼市中心的住宅里，一面板条屏风"顶天立地"地竖立在房内，既能分割空间，又使自然光得以穿过间隔均匀的板条间隙，兼顾厨房、卧室、起居区等各区域的采光。

把小家放大，有时候只需要一个不起眼的小改动。当预算（或屋主）不允许采用推倒墙壁、增加移动隔断等大改动时，简单地添加一面镜子，甚至只是改变一下镜子的角度，又或是放上几株绿植，问题就能得到解决。这是非常重要的改造，一旦规划不周甚至彻底忽略，结果就很可能是一场灾难：墙壁之间更逼仄了，天花板更低矮了，房间更闭塞了，光线更昏暗了……

相反，成功的放大改动并不会引人注目——这恰恰是精心设计的成果。

玩偶公寓

在重新设计悉尼瑞希卡特湾的这套公寓时，设计师布拉德·斯沃茨借鉴了自己在小户型生活的亲身经历。他当初为自己设计的家名叫达令港小屋（参见第225页），解决空间局限的方案之一，就是将衣柜与床合二为一。卧室面积很小，如果依然使用传统衣柜，人就只能站在床上去开柜门。因此，设计玩偶公寓时他想：为什么一定要把衣柜放在床边呢？在这个案例里，斯沃茨巧妙地重新规划室内格局，不但把衣柜改成了更宽敞的步入式设施，还让相邻所有空间都更加舒适、宜居。

24平米
Brad Swartz Architects
澳大利亚，悉尼，瑞希卡特湾

对页图 玩偶公寓的厨房设施完备，一如这个家里的绝大多数地方，配色克制低调，在令人平静的白色主调之中，加入温暖的木色作为亮点

　　客户的要求不多，为斯沃茨提供了彻底改造整个空间的自由——除了原来的窗户和外墙不能动之外，其他地方任由发挥。这套总面积只有24平米的公寓位于一栋20世纪60年代的公寓楼里，钢筋混凝土的楼体结构为房屋改造提供了可靠的安全保障，设计师可以放心拆除室内所有设施、墙体，重新布局。为了尽可能确保宽敞的起居空间，斯沃茨将其他一切功能及相关设施都局限在了尽可能小的区域内。

　　玩偶公寓的名字来自葡萄牙语Boneca，虽然屋子面积很小，却能容下"大"东西。移动屏风是一个有趣且实用的创意，可以适时将起居待客区与睡眠休息区分开或连通。设计师的最初设想是做两个屏风，后来又陆续考虑过玻璃屏风、金属网屏风，甚至一度想过做成实心的木头屏风，而最终选择了一面黑基木（桉木）的板条屏风。晚上，把它拉到房间左侧，遮住厨房，露出卧室空间。其他时间则拉到右侧，既能遮住床铺，又丝毫无碍于卧室窗户引入的光线流动到整间公寓。卧室区域的最大优点正是享有充足的自然光照，通过床边的纯白细木工墙设计，斯沃茨进一步放大了这一优势。床头墙面的侧壁没有延续厨房的线条方向，而是呈锐角引向床铺。这样，在推开房门的一刹那，便有绿意盎然的室外景色扑面迎来。此外，光线照在白色的墙面上，通过反射四散开去，也让室内更加明亮。

厨房和卧室之间隐藏着一道小门，推开门，出现在眼前的便是浴室与步入式衣橱共享的综合功能区。一条走廊将两者分开，走廊尽头的全尺寸落地穿衣镜起到了放大整个空间的效果。将浴室与衣橱连到一起，是精心规划的结果。毕竟，卫浴与衣橱分开，只能让两者都更局促；可合在一起，却得到了一个套间兼更衣室。浴室选用的土灰色瓷砖为这个空间赋予了一种"酒店氛围"，增加了几分奢华感。

玩偶公寓是一个功能胜于形式的典范，复杂却不失精致。那么，斯沃茨本人在这套公寓里最钟爱的部分是什么呢？答案是餐具抽屉。他颠覆了刀叉平放的传统模式，将抽屉柜改为深而窄的形式，所有餐具都竖直插在里面。在改造玩偶公寓时，斯沃茨了解到客户许多需求，尤其关注日常生活。当一切都问清楚之后，他抛开惯例，围绕着宜居性原则，针对每一项需求寻找对应的解决方案，就像餐具抽屉那样。

对页图 起居室和卧室区域都有户外景观
可享

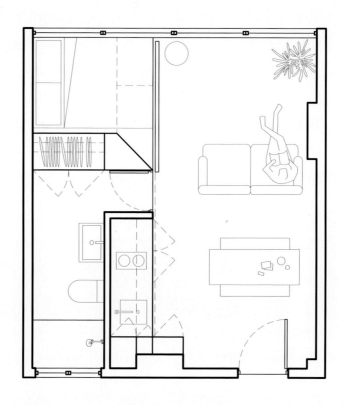

对页图 衣帽间的极简设计颇有几分酒店套间的气息

上图　栅栏式的黑基木板条屏风在保障采光与空气流通的同时，提供了隐私保护

下图　关上门，浴室与衣帽间之间的狭长通道便隐身了

对页图　黑基木屏风也是"厨房门"。关上"门"隐藏厨房时，公寓反倒显得更大、更开阔

第 60—61 页图　卧室区的细木工墙壁采用斜角设计，更好地将光线反射到起居空间里。床下还提供了额外的储物空间

拼图碎片公寓

　　倒伏的石柱、寥落的基座、孤零零的残砖碎瓦……古老的遗址往往只给我们留下少许线索，让人猜测它曾经的模样。正是这拼图碎片的概念，给了来自 Corpo Atelier 的菲利普·派尚及其团队灵感，设计其位于维拉摩拉的 44 平米公寓。Corpo Atelier 是一家葡萄牙的建筑设计事务所，也是"art atelier"——艺术画廊。派尚希望这间位于葡萄牙海滨度假小镇上的公寓能有一种考古遗址的感觉，引发人们对于空间的好奇心和探索欲。没有客户的偏好或要求制约，派尚拥有百分之百的自由，可以充分发挥。

44平米
Corpo Atelier
葡萄牙，洛莱，维拉摩拉

对页图　三级大理石台阶连接着起居区与抬高的卧室地台

　　房门打开，进门便是一段短短的门廊，用派尚的话说："和酒店房间没什么不同。"浴室就在进门左手边一扇并不起眼的门后，右侧的壁柜里则藏着洗衣机和熨衣板。门楣上的吊柜是进入起居空间的标志，它被漆成了明亮的琥珀黄色。这是个有趣的巧思，但并非毫无用处：空调藏身于此。

　　这个孤悬的黄色吊柜是整个中性色调房间里的异类。房间主体由白色的墙面、壁橱、柔软的灰色窗帘和大理石地面构成。然而，派尚的设计概念恰恰体现在这个"异类"上。公寓里一共有三件这样的黄色单品：除了这个吊柜之外，一件占据了起居室左墙的空间，一件俨然床头柜，安放在通往卧室区域的三级大理石台阶脚下。在这套设计方案里，三件黄色单品各代表了一个经典的古希腊罗马建筑元素，分别是：门楣、断柱、台基。

横卧的"断柱"是起居室的视觉中心。此外，它还是个多媒体柜。位于台阶下方的第三个柜子像是界标，标出了起居活动区与休息区之间的分界线。这件特别的家具担负着好几项不同的功能：首先，它提供了额外的储物空间；其次，它在地面较低的起居室充当书桌；最后，换到对面，它又变成了床头柜或边桌。卧室区域地面抬升，因此有了连接这处"高台"的三级大理石台阶，两者共同在原本温和的空间里划出了一道微妙却分明的边界线。所谓的床，只是在大理石地台上放了一张床垫，因此并不会喧宾夺主，干扰欣赏窗外风景的视线——要知道，风景才是这间公寓真正的主角。

然而恰恰是这个主角，为派尚的设计带来了最大的挑战。长方形的公寓面朝大海，占据了整面墙的窗户恰如画框一般，将海滨小城夸尔泰拉与远处海洋的壮阔风景画"装裱"了起来。可问题在于，这扇窗户也是公寓唯一的自然光源，室内布局因此受到诸多限制。"在某种意义上，限制也意味着自由。"派尚如是说。因为它排除了建筑干预的可能，反倒让设计者能够集中注意力，规划空间布局，精心打造他的三个"拼图碎片"。成果很完美，在不影响头号主角（风景）的前提下，"拼图碎片"既满足了功能性，又达成了设计师的期望——激发好奇心。

对页图 派尚为公寓量身定制的琥珀黄色家具实现了空间的软区隔，却并未限制眼下或未来空间调整的灵活性

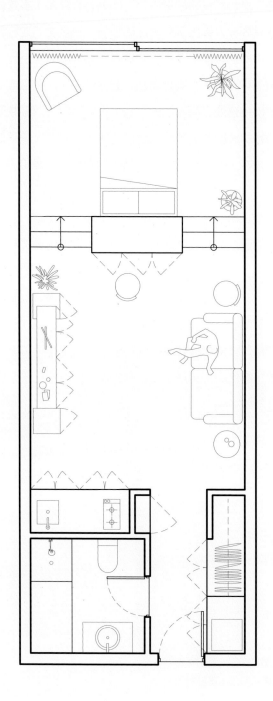

上图 玄关上方的吊柜将公寓空调系统藏了
起来

上图　公寓只有一扇窗，这个显而易见的局
限彻底斩断了加装内墙的可能性，反倒使其
不再成为限制

对页图　卧室地台享有整面墙的大窗，也是
日常休闲、放松的地方

变装室

　　这对把自己家称为变装室的夫妻住在布宜诺斯艾利斯市中心迷人的社区查卡里塔，每天直面城市的千姿百态。"入夜以后，这里就变成了拿着望远镜看星星或投影看电影的地方。最重要的是，它别有一番魅力，吸引着你前来休息、做梦。"

25平米
iR arquitectura
阿根廷，布宜诺斯艾利斯，查卡里塔

对页图　卧室和浴室都巧妙地隐藏在定制木
家具后面

能拥有这样的视野，全靠一面从左墙到右墙、从地板到天花板都无遮无挡的弧形"大银幕"。从外面看，这个古怪的东西就像一连串拱形网筛连成的屏风。独特的形状与半透明材质不免引人注目，美中不足的就是，街头来往的行人多少都能窥见公寓内部的情形。这是为180度观景视野付出的代价。

然而，露台并非天生就像鱼缸一般引人观赏。它起初只是一个小小的配套设施，附属于一套大面积住宅。在布宜诺斯艾利斯市中心，随着城市人口的增长，许多建筑都被一再地拆分、切割，以划分更多的房间。这座20世纪50年代的公寓大楼也不例外，公寓越来越小，房间越来越多。毕竟这是一个热门社区，公寓永远供不应求。变装室占据了最好的地段，却也因此沦为经济利益驱使下的牺牲品。

当本地建筑设计事务所iR arquitectura接受这个项目时，这间25平米的公寓只有一间狭小昏暗的房间和一扇通往阳台的小门。受房屋面积局限，光线只能透过这道小门和一扇更小的窗户照进漆黑的室内。不规则的房型和极尖锐的墙角更是增加了挑战。

iR arquitectura一眼就看到了阳台的潜力：只要拆掉墙壁，换上玻璃折叠门，便能创造出一个通透明亮的区域，如果需要区隔空间，关上门就行了。玻璃门无法完全阻挡外界视线，却依然是一步妙棋。在夏天的阿根廷，这个阳台与温室无异。如果不把它拆分出去，那整间公寓都会热得待不下去。

变装室的两位住户似乎都不太介意大街上投来的好奇目光，既然如此，隐私保护的界限便可以后撤到更私密的区域。一排定制的组柜将床藏在了室内三角区域的一个锐角里，而浴室紧靠在厨房旁边，拥有独立空间。事实上，这也是整套公寓里唯一重新设计布局的空间。

小户型住宅的设计师都明白，他们的客户对储物空间有多么重视。在变装室，定制家具的每一寸可利用空间都被做成了碗橱、食品柜、电器箱及抽屉。就连餐桌都可以折叠起来，在它背后再留出一些储物空间。

通常，设计小户型住宅首先需要考虑的问题包括：从哪里采光，如何保持空气流通，在哪里可以留出让住户放松、思考、娱乐的"空间"。如果随处都是前人的生活痕迹，着实很难让人放下心来。可如今的变装室是一个让人愉快的地方，这是iR arquitectura 创造力的证明，也是住户"妥协"的结果。任何东西都充满乐趣：无用的犄角旮旯，反常的异类空间，或是无法适应任何现代需求的逼仄小格子间……而现实是，它成了信仰复兴的战利品，也真正成了主人休息与"做梦"的地方。

对页图 和许多类似的小户型住宅一样，餐厅区域的桌子在不用时可以折叠起来

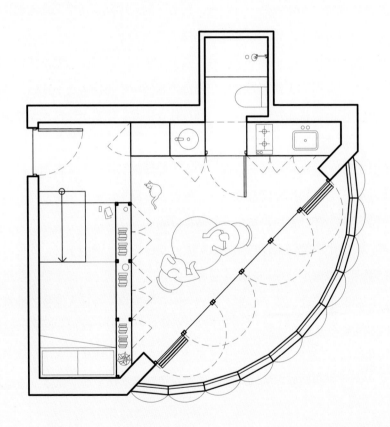

上图 卧室区域还兼具另一项功能，床脚的
沙发前方就是一个观景台

对页上图 弧形阳台面向街头的风景，也接受着街头的目光。暴露在阳光下时，它仿佛一个温室。但只要关上玻璃门，就能将热气阻隔在公寓之"外"

对页下图 半透明的多孔金属板让这个阳台成了街头突出的一道风景，注定会吸引往来行人的目光

上图 厨房用具、浴室、餐桌和储物空间都藏在定制的落地橱柜后面

第78—79页图 尖狭的墙角很难处理，但定制家具有助于将三角形的公寓户型合理化，同时丝毫无损阳光阳台的优势

吕卡维特斯山的单间公寓

　　按照希腊神话里的说法，一块巨大的石灰岩被女神雅典娜从空中扔下，落地化作了山丘，这便是雅典的制高点——吕卡维特斯山。这块石头原本是要用来建造雅典卫城的，不巧遇上坏消息接连传来，被暴怒的雅典娜随手抓起，扔了下来。如今，吕卡维特斯山依然屹立，得以一览人口稠密的雅典城及山脚林地。

40平米
SOUTH architecture
希腊，雅典，吕卡维特斯山

对页图　有着半弧形走廊与圆形空窗的雕塑
式隔墙划分出了卧室与起居室

　　这间地下室公寓的总面积只有40平米，位于吕卡维特斯山北坡最狭窄陡峭的一条街道上。它昏暗、逼仄，身处一幢20世纪90年代四层楼房的最底层，从前只被用作储藏室。尽管电路不通，墙皮、地板都不断剥落残损，公寓主人依然异想天开地希望能把它变成一个真正的家：有正式的公寓房门，有起居室、卧室、厨房和独立卫浴间。很幸运，来自雅典SOUTH建筑设计事务所的埃莱尼·利瓦尼和赫里索斯托莫斯·希尔德罗普洛斯也看到了这个地下室的出众之处。

　　不过，说它是地下室公寓并不严谨，因为这套单间公寓并非完全位于地面以下，还有一半露出在街面。吕卡维特斯的山坡将公寓挡住了一部分，但大楼的结构却补救了这一缺陷。这间公寓的上方正对着一楼主入口，它是一个底层架空柱结构，简单说来，就是依靠立柱支撑的门廊（其他楼层也都延续了这样的支撑结构），因此，在门廊的地面和地下室公寓之间还留出了两扇玻璃天窗的空间。至于公寓未被遮挡的部分，还有另一扇大窗和一道门，正对着风光宜人的中庭花园。

利瓦尼和希尔德罗普洛斯两人都偏好地中海风格，室内天然材料与环境、光线呼应的方式，总能令他们着迷。吕卡维特斯山单间公寓恰好在这方面没有令人失望。设计师们沉醉于研究如何利用大窗户与玻璃天窗让这个家能全天沐浴在阳光中。设计灵感由此生发，基调定下，一切都是为了营造这样一种感觉：从地下室向上走，趋光而行，追逐天光。

在这间公寓的设计与布局中，一面雕塑式的隔墙成为最亮眼的点睛之笔，它塑造出"壁龛与港湾，中空与曲线"的效果。隔墙在成功区隔空间之余，也保留了各个区域的关联感，确保了光线与空气的流通。从门口往里看，纯白的墙体延伸着勾勒出一个半拱形的开放空间，通过一道走廊，连接至起居室。旁边的卧室里，阳光透过天花板中央的一扇玻璃天窗洒下来，慷慨地灌满整个房间。此外，隔墙上开出的圆形空窗为光线在卧室与起居室之间的流动留出了通道。开放空间里有一张胶合板的长条台面，在起居室的一侧，它可以充当学习／工作空间；而在卧室一侧，它便成了梳妆台。卧室里占据了半墙高的定制衣柜也是胶合板材质的，由开放式和封闭式两种储物空间交错组合而成。

起居室的嵌入式边柜同样使用粗加工的胶合板制作。柜底悬空，露出下方的白色瓷砖。白色方形瓷砖与胶合板这一对组合也出现在浴室和厨房里。这种低调的材料处处呼应着大胆的雪白墙体曲线，冲撞出了利瓦尼和希尔德罗普洛斯希望打造的"某种新鲜、现代的东西，但要带有强烈的希腊与地方风味"。

对页图　大玻璃门通往外面庭院里的私人小花园，同时引入自然光

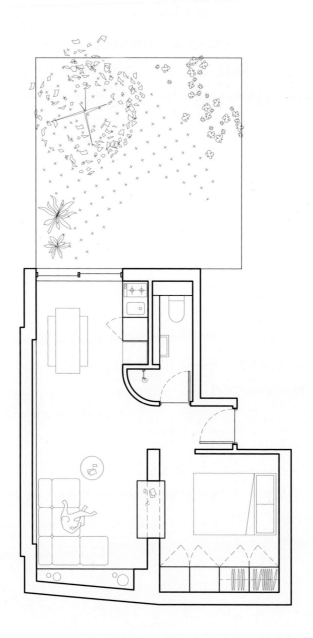

84

第 85 页及右图 卧室与起居室之间的圆形空窗上安放着一块多功能条板，空窗还为光线与空气在不同空间的流动留出了通道

上图　胶合板木制品被应用于整个住宅，在
起居室，设计师通过灵活的设计赋予了它丰
富的可能性与多功能性

对页　雕塑式隔墙在不损失空间感的前提下
实现了公寓的功能区域划分

车位 LOFT

　　城市街道中，私家停车位所占据的空间远比你想象的要多，更别说它们还常常出现在市中心的高价地段。既然如此，难免会有人开始质疑：何不将这些空间改作他用，发挥更大的价值呢？共享汽车曾经是可望而不可即的奢望，如今却已渐渐普及。与此同时，随着环境保护意识的增强，步行、骑行与搭乘公共交通的出行方式也越来越受到鼓励。就在这个时候，一个项目来到 Brad Swartz Architects 的设计师布拉德·斯沃茨面前，这次的屋主是一对邻居，居住在悉尼市皮尔蒙特区。他们都认为生活在这座城市，自家联排公寓后的停车位其实经常是闲置的。

35平米
Brad Swartz Architects
澳大利亚，悉尼，皮尔蒙特区

对页图　裸露的房梁不但有助于拉高层高，还是对两套建筑马厩式外墙设计的呼应

就这样，车位LOFT诞生了：两套住宅，面积紧凑，共享同一面隔墙，比邻而居。这两套原本为短租修建的插建建筑，与排屋主楼分离，享有完全的私密空间。两套房子格局完全相同，各占据35平米的地面空间。它们是毋庸置疑的当代建筑，但无论规模还是设计，都受到了周围建筑的制约。斯沃茨的灵感来自老式马厩，因为这两套房的正墙都采用了朴实的对缝砌法，屋顶的轮廓线也只是在街头的天空中悄悄勾勒出了一片属于自己的小小地盘。

在其中一间跃层小公寓里，裸露的房梁被漆成了干净利落的白色，与马厩模样的外墙形成呼应，同时拉高了天花板的视觉高度，让空间显得更大。照明巧妙地从下方照向屋顶，进一步放大了这一效果。

一楼光亮的灰色混凝土地面实现了对环境光的反射与折射。与之形成对比的是黑基木（桉木）的楼梯踏板，不仅起到过渡作用，同时带来温暖的感觉，楼梯上方是位于夹层的卧室。夹层与后墙的空隙确保卧室同样能享受到环境光。屋顶天窗透下的光线也能兼顾上下两个楼层。

公寓地处城市中心硬挤出来的一块小小地盘之上，因此，斯沃茨在设计中遇到的最大挑战，是设法引入自然光。要问他的解决方案？为每套房子都造一个后院，用深色涂层钢条和大块玻璃做成移门框起来。除了引入自然光之外，这个方案还进一步扩展了房屋的"仓库"主题，增强了住宅与自然的联系。后院被设计成一片葱郁的小小绿洲。打开房门，便有一抹绿意迎面而来，宛如一剂良药，将都市的纷扰繁杂统统抛在身后。

多功能设计自始至终贯穿在车位LOFT里，要在这么小的面积里满足主人一切需求，这是必不可少的。比如，厨房整个被纳入了一组1米长的定制木柜里，不但提供了宽敞的备餐工作台，也为楼梯、洗衣机和浴室留出了足够的深度，让它们可以整齐地排入同一空间区域内。

要确保夹层里的洗浴空间与下方楼梯和厨房的深度完美匹配，就必须将洗脸台移开。因此，它被搬进相连的卧室，嵌在一块又厚又长的浅灰纹白色大理石台面里。台面背后还有一组安装了移动门的橱柜，橱柜宽大开阔，承担起双重角色：这里既是工作／学习区，也是梳妆盥洗区。

夹层里的每一个细节都自有其功用，却又不显得突兀。浴室安置在磨砂玻璃墙后，目的在于尽可能放大其内部的空间；衣橱的斜角设计有助于它自然地融入房间整体，而不是喧宾夺主。对于实在无法开拓更多空间或空间感的地方，斯沃茨便制造错觉。按照建筑规范，这里的栏杆空隙不得大于120毫米（4.7英寸），那么，便利用斜角来欺骗眼睛，让它们显得更宽。

在这两套跃层小公寓的改造过程中，斯沃茨追求的不只是创造一个城市中心的世外桃源，他还想树立一个样板，示范如何将小户型住房打造成真正宜居的"家"。在设计师与屋主的共同愿景中，我们看到市中心插建建筑令人兴奋的可能性，也是对日益拥挤的城市人口密度难题的解答。但愿这对双子住宅的成功能够为更多人带来启发，激励他们重新审视停车位这一空间的存在，为其寻找更好的可能性。

对页图 屋后的小院被赋予了双重功能：既是采光天井，也是连接大自然的镇静剂

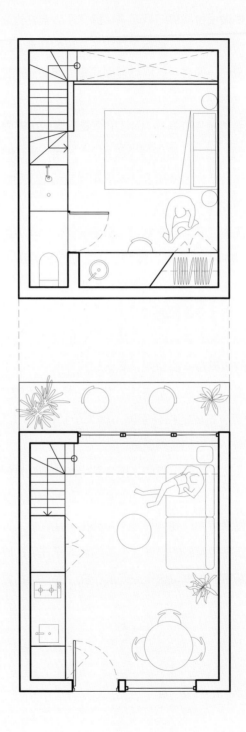

上图 楼梯、厨房和浴室全都被排进了一溜
长条状的空间里

上图　卧室里的大理石厚台面既是工作台，
也是盥洗台
对页图　厨房的木柜集宽敞的储物空间和洗
衣设施于一身

米兰私家公寓

　　对于最优秀的设计师而言，几何语言的运用就是一种本能。而这种语言运用得最成功的时候，也许就是住户领会了设计师的意图却没能分辨出其中技巧的时候。

　　这套整洁有序的 30 平米公寓位于米兰理工大学附近，这是米兰城里洋溢着青春活力的一隅，聚集了大量酒吧和共享办公场所。公寓位于一幢典型的 20 世纪 40 年代院落式大楼的阁楼上，是单独切分出来的一个格子间，狭小、昏暗。然而，单单是斜尖屋顶这一项优势，便足以忽略其所有缺陷。设计师波格丹·佩里克、安德烈·米克哈勒夫和他们的团队接到的要求很简单：在有限的预算里，打造一处舒适宜人的空间。设计师来自 untitled architecture，这是一家在米兰和莫斯科都设有办公室的建筑设计事务所。

30平米
untitled architecture
意大利，米兰，大学区

对页图　圆柱形楼梯与公寓其他空间的直线
几何线条形成了反差

自然光的缺失意味着：在这套单间公寓里，一切可资利用的光照资源都得供所有空间共享，也就是说，不能采用传统的墙壁来区隔空间。取而代之的，是十字架形的四象限空间布局：一个象限作为入口，集房门、步入式衣橱和浴室于一体；一个象限是学习区；一个是厨房；还有一个是起居室。这样，公寓便以一根不锈钢柱子为中心轴，将所有功能归并在四个清晰的区域内。

一道环形楼梯跨越学习区和玄关区，通往夹层卧室。卧室地板同时也是玄关和浴室区域的天花板，为下层留出了标准的层高空间。斜尖屋顶增加了整个室内空间的开阔感，但就夹层本身而言，它提供了良好的私密性。作为室内最显眼的建筑结构，雕塑式旋转楼梯消解了公寓其他结构线条与角度所带来的僵硬感。它的另一大显著特征，是胸廓骨骼式的钴蓝色框架——这种鲜亮的颜色只出现在两个地方，另一个是浴室瓷砖的勾缝上。

设计师采用了中性的主色调，在颜色和材料的选择上都十分节制，以此凸显公寓不规则的几何结构，放大整体空间感。大理石、不锈钢、木料，与白色的墙壁及天花板相辅相成。浅色栎木地板为整个空间增加了温暖的底色，平衡了栎木锻压板材家具的冷色调。公寓所有内置细木制品和橱柜家具都紧贴着墙面，避免侵占地面空间。除了凸显公寓中轴的不锈钢立柱外，厨房的防溅挡板、起居室与厨房的隔墙边缘都用到了金属材料。这种材料能够反射并扩散光线，有助于充分利用屋顶两个加大天窗引入室内的自然光，增加公寓明亮度。

米兰私家公寓是一个经过精心规划与缜密布局的空间，设计者拥有敏锐的眼光，懂得如何最好地发掘并利用它与众不同的空间维度。大胆、重复的方形结构，叠加的钴蓝色曲线，金属边角的运用……这一切都指向一个更大的几何布局：精妙的十字架布局设计。它成功将有限的室内空间切分为功能分明的不同区域，却完全没有牺牲光照与空间体量感，甚至还灵活地留下了未来再调整的余地。

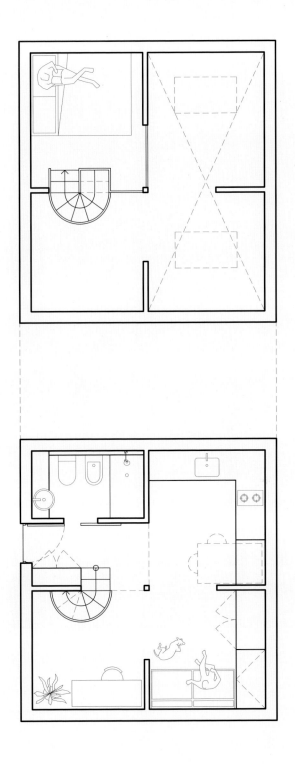

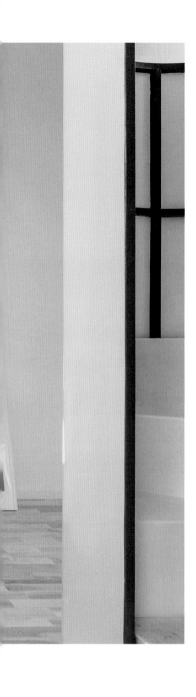

左图 不锈钢立柱准确地定位出公寓四个象限交会的中心点

下图 卧室位于浴室上方，利用几何感鲜明的白色瓷砖与蓝色勾缝，打造出上下呼应的设计

第104—105页图 更多钢材元素的运用能够加强反射，充分利用由天窗引入的自然光

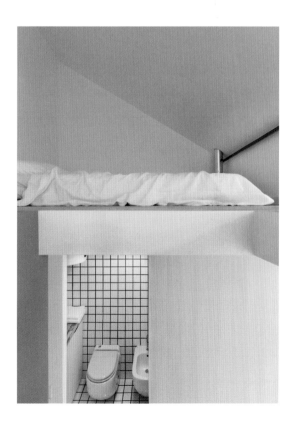

上图 胸廓骨骼式的钢结构框架支撑着复合材质的楼梯，后者由天然大理石（最低两级台阶）、钢材（中段台阶）和木材（最上方连接夹层卧室的两级台阶）组成

对页图 通过钢材镶边的隔墙，巧妙地将起居室、厨房和学习空间区分开

106

切尔西公寓

　　纽约城里很少有历史遗迹能像高线公园（High Line）那样，讲述有关城市改造的故事。这条空中的铁路线于 1934 年全面贯通，从此成为"纽约的生命线"，在接下来的将近半个世纪里，源源不断地将哈德逊河谷的物产带到这座城市，保障着纽约城绝大部分生活、生产物资的供应。

　　20 世纪 80 年代，随着货运卡车与州际公路的兴起，铁路运输渐渐衰落，这条空中铁路线也沉寂了若干年。直到切尔西人团结起来，复兴了这个地方。对他们而言，空中铁路是社区财富的重要组成部分——它曾经为他们的家庭送来食物，让他们的父母和祖父母有工可做，它是这个地区跳动的心脏。2009 年，高线化身公园，重新开放。如今，它是纽约城中的一片绿洲，高悬于熙攘纷扰的城市街道上空，是唯一能让纽约人自由漫步而无须顾虑避让汽车的地方。

45平米
BoND
美国，纽约市，切尔西区

对页图　高挑的天花板意味着高大的窗户，只是没有一扇能安放在公寓的纵向墙面上。既然如此，房间两头的窗户就不得不"加班加点"，担负起所有职责了

就在公园往东两个街区的地方，一套被切分到只剩下 45 平米的昏暗公寓正静静等待着类似的命运转机出现。和高线公园一样，这套二战前切尔西公寓的建筑与工程规划都是冲着永久使用去的——只是时至今日，它们的魅力早已不存。

来自 BoND 建筑设计事务所的设计师诺姆·德维尔和丹尼尔·罗克维格就是公寓的主人，他们深深明白，切尔西区的战前公寓里还藏着许多可能性。这个地区遍布坚固持久的建筑，每一栋都拥有充足的层高空间和开阔的大窗户。

德维尔和罗克维格的公寓便是又高又长。它层高 3 米，公寓两端都有大窗户可以采光。一面窗户在起居室一侧，另一面在主人房内，中间隔着足足 15 米的距离。肩负职责如此之重的窗户，实在难得一见。

难以置信的是，这间公寓所有的优点都被当初那古怪的房屋布局掩盖了。公寓原本被分成了三个房间，中间以一条狭长的走廊相连。改造时，为了充分利用自然光照，设计师把整个空间彻底打通。"我们拆除了所有隔墙，创造出一个连贯的空间，发挥公寓比例狭长的特点，并最大限度地营造出纵深感。"

为了进一步提升公寓的明亮度,德维尔和罗克维格选择了白色墙面和白色瓷砖,并在室内添加了玻璃墙面和镜子。比如,欧式厨房与卧室之间采用的就是全玻璃隔断。鉴于厨房距离主人卧室实在太近,这样的设计便显得格外出彩:既能让光线畅通无阻地照进中部空间,又为主卧室的住客阻隔了深夜访客的吵闹声——要知道,这种情况是很常见的。

设计师自己就是住户有许多好处。其中最重要的一点在于,他会非常清楚自己想要如何使用家里的空间。"我们常常在家招待客人,两个人还都喜欢做饭,所以,对我们来说,有一点很明确,那就是厨房和起居室之间的隔墙必须拆掉。"

厨房同时也是连接卧室与起居室的走廊,所有厨房设施都沿西墙一侧排放。与之相对的东墙刻意留空,除了一个齐腰高的长条储物柜之外,其余墙面都可以用来展示住户的现代艺术收藏品。

整个翻新工程可以被定义为"打开"与"增亮",唯一没有自然光源的区域就只有浴室。然而,白色瓷砖墙面和大量镜子的运用为这个封闭空间带来了通透敞亮的感觉。

纽约的房产向来以贵得离谱著称,切尔西区虽然起点不高,但如今已是一个颇受追捧的城区。对于大多数人来说,在这里买房安家,就意味着不得不放弃许多奢侈的小享受。然而,德维尔和罗克维格的公寓证明了,小户型公寓也可以是迷人的。卓越的远见与设计让一些过时的、被忽视的东西焕发出了真正的美。切尔西公寓如此,它那地标性的邻居高线公园同样如此。

对页图 清一色的白墙面和橱柜之间点缀着令人惊艳的亮色,比如厨房里的这面大理石防溅板

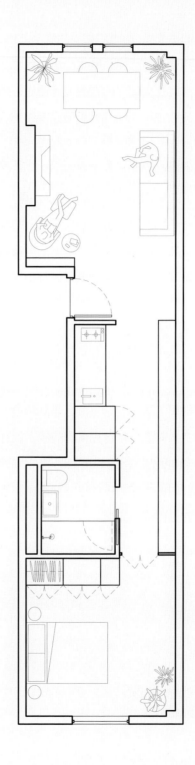

下图 原木家具和醒目的绿色植物为纯白的
起居室增添了色彩
第114—115页图 砖墙刷上最白的白色，
老壁炉包上不锈钢外壳，这些都是两人的设
计，由本地手工艺人实现

左图 打通室内空间，最大限度地利用入室阳光，让这个曾经昏暗的公寓变成了洒满阳光的地方

Part Three： Expand

第三部分：无中生有的空间

让多的更多，少的更少

面对小户型设计，大多数设计师都会拆除室内墙体，谋求扩大空间，增加光照。这很容易理解，基本上就是个简单的算术题：阻隔动线与光线的东西少了，空间自然就显得大了。

尽管如此，偶尔却也会有设计师在评估后得出截然相反的结论。有时候，增加定制家具或更多的建筑结构反倒能让家更像一个"家"。但这种尝试不适合太谨慎的人。它需要大胆的设计、创新的能力，还需要一位有说服力的设计师来让他的客户相信，既然空间已经这么有限了，再多用掉一些才是最好的设计方案。

Heren 5建筑设计事务所打造的贝克斯洛特汉姆公寓就是这样一次大胆的尝试。他们造了一个3米x3米的木头方块，安放在这个单间公寓的正中央。乍一看似乎有些古怪，但事实上，方块内部藏着一个标准规模的厨房，顶上还额外提供了一个放床的夹层空间。类似这样阁楼夹层式的卧室空间，在Llabb设计的里维埃拉船屋中有更进一步的演绎。设计师巧妙地添加隔墙，设法在一间公寓里隔出两间独立卧室：一间主人房，一间客房。新增的墙壁占去了三分之一的室内地面空间，但住户（一个小家庭）也承认，损失一些地面空间来换取独立的卧室，是值得的。

在小空间里做加法而非减法，考验的是设计师的勇气与胆量。一旦成功，它能为住户提供的远远超出预期：一个厨房中岛，一间额外的卧室，甚至稀缺的储物空间……这一切，对于大多数小户型住户来说，都是想也不敢想的。这些设计师用事实证明了，面对小户型，有时候，增加一些定制元素反而能打造出一个更加"完整"的家。

编藤小屋

在中国香港，能找到一些这个星球上最令人印象深刻的小户型设计。这座城市容纳着近 800 万居民，但摩登的香港职业人士并不愿放弃对于舒适的追求，因此，设计师们不得不努力在小小的空间里发挥出极大的创意。编藤小屋就是其中典范。这套 40 平米的公寓里住着一对夫妇、他们年幼的孩子和一位帮佣。人均居住面积只有 10 平米，即便以香港的标准来说，也太小了些。

40平米
Absence from island
中国，香港，将军澳

对页图　对于同居一个空间的所有人来说，私密性无疑是重要的，独立空间的分割正是为了适应这样的需求。需要时，任何房间都可以关上门来，自成一体

　　由于用料笨拙沉重，这套公寓原本显得昏暗老旧、幽闭可怖。Absence from island 建筑设计事务所认为天然材料能让空间显得柔和、轻盈。由于主人常常不在家（女主人是空姐），需要照料的植物便不在考虑范围之内。取代它们的是满屋子的藤，这种取自攀缘植物的原材料本来也是藤编家具里常用的材料。参与公寓设计的一名设计师在赤道地区长大，小时候家里有一张藤编沙发，他还记得，即便是在最炎热的天气里，那张沙发摸上去依然是那样地凉爽。设计师并没有直接使用藤编家具，而是选择将这一元素融入墙板、壁脚，甚至用它来遮掩一些面目可憎的设施，比如空调机。

　　以可持续方式和有限的成本完成旧居改造，在 Absence from island 的工作中被证明是可行的。"香港的房价很高，公寓面积通常也非常小。重要的是让人们看到，即便住在小房子里，我们同样能打造出高品质的家。这样，或许能将希望传递给年轻人，告诉他们，就算没有足够的钱，也不必放弃对舒适的追求。"

　　这处住宅原本是典型的港式房屋结构。公寓内部有五扇门，全都对着一个小小的起居区。这无可厚非，住户毕竟还是希望各个房间都能保有一定的私密性。然而，只要对浴室房门做出一点小小的调整，就能"创造"出更多墙面空间。电视机挂在墙上，起居室便也有了不同的布局可能性。

小房型设计师常常需要考虑多功能性，无论房间还是家具，都最好能具备两项（甚至三项）用途。可这套公寓的主人觉得那样太麻烦。相反，他们要求，只能在"起居室里最笨重碍事的一套家具"上采用这种设计，也就是餐桌和椅子。不用时将桌椅都收进一个橱柜里，这样，就能留出一个宽敞的房间，让这个家庭里最年幼的成员能有地方玩耍。

住户虽然要求抛弃多功能设计，但储物空间是必不可少的。事实上，在多达数轮的设计沟通中，他们每一次都希望能再增加一些储物空间。Absence from island 提供的最终解决方案，就是抬高儿童房的地板，并在定制的沙发下留出空间。

和沙发一样，编藤小屋中的所有家具都是定制的。地面空间珍贵有限，因此，定制家具全都被嵌进了墙里。最终，客户得到的就是这样一个亚热带气候下的舒适住宅：通风透气，光照充足，而且，就公寓面积而言堪称宽敞舒适。除此以外，它还摆脱了钢筋水泥丛林的宿命，成功蜕变为一个有机的空间。

四个人共同生活在如此狭小的空间里，这情形令人震惊。然而，面对全球人口的持续增长，如果设计师能在类似编藤小屋这样的小空间里不断发挥创意，必定是十分有益的。这一点至关重要。建筑业是人类碳排放的重要"贡献者"。因此，与其不断追求更新、更光彩闪耀的居住条件，修建更多的房屋，倒不如回头看一看我们已经拥有了什么，想一想能为它做些什么。这才是我们更应该做的。

对页图　公寓引入藤作为有机材料，用它覆盖了三分之二的墙面

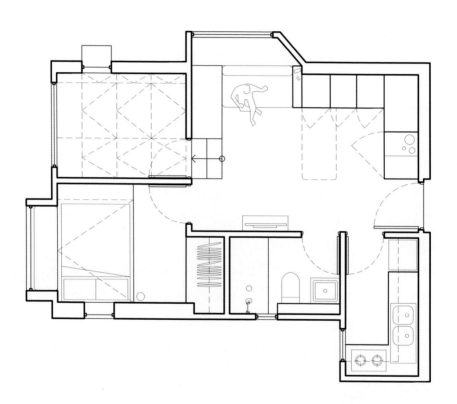

上图 得益于色调温暖的建筑材料组合与充足的阳光，主人房宁静平和，是个放松的好地方

左图 高品质的木材和藤材赋予公寓自然而不失奢华的感觉

上图 厨房和洗衣区共享同一空间，这在小户型住宅里很常见

对页图 抬高地板可以提供"地下"的储物空间，对于居住在这样一个小空间里的家庭来说，这一点尤为重要

上图 厨房和浴室都隐藏在与墙面齐平的定制门后

下图 储物空间无处不在，就连定制的沙发下都藏着三个可以推进抽出的藤抽屉

钢琴公寓

中国台湾地区的核心城市、拥有 250 万人口的台北是全球价格最高昂的房产市场之一，可谓寸土寸金。这一点在市中心表现得尤为突出，在这里，房价常常达到每平米 10000 美金以上。

在二手房市场大热的带动下，无数新公寓楼拔地而起，挤挤挨挨地簇拥在有限的空间里，公寓内部空间小到不可思议。这套公寓的面积只有 17.6 平米，过去是个钢琴工作室。因为实在太小，起初并没有人认为可以在这里安家。

17.6平米
A Little Design
中国，台湾，台北

对页图 得益于 3.4 米的层高，设计师团队才能充分利用钢琴公寓的高度优势，创造出一个夹层空间，用作主人的卧室虽然面积很小，但它的层高却足有 3.4 米。来自 A Little Design 的设计师王淑敏从中看到了潜藏的可能。这是小户型设计师的特点，他们都拥有一种超能力，能够在脑海中移除墙壁，构建出组合设施的模样。

　　层高给了设计师向上拓展的空间。她"凭空"设计出一个与起居室宽度相同的夹层主卧室，再通过一道简洁的木楼梯将上下两层连通。卧室所在的夹层空间里放了一张双人大床，床脚的搁板代替了常规的床头柜。

　　额外造出的一层楼，让公寓能够拥有一个更舒适的起居空间。既然不用考虑折叠或隐藏床铺的问题，设计师就可以在起居室里放下一张嵌入式沙发和一个书架。但它们并不只是你一眼看到的这么简单。正对沙发的壁柜门，拉起后便是一张牢固的书桌，可以放笔记本电脑或平板电脑，也可以充当小餐桌。与此同时，沙发还可以是临时客卧的床铺、书桌前的座椅，以及招待客人就餐的长条餐椅。

　　在住宅面积的局限之外，浴室还有额外的挑战——它占据的空间超出了常规比例。因而能留给厨房的空间就非常小，但后者也是一个必不可少的实用功能区。设计师重新调整了空间分配比例，腾出地面面积，巧妙利用楼梯下方的空间，不但将冰箱纳入其中，还为厨房和起居室留出了更多储物空间。全新的厨房因此有了两个操作台和宽松的置物架。白色瓷砖提亮了整个空间，而墙壁上方四分之一部分的浅色水泥墙面则营造出一种近乎工业风的美感。

　　由于增加了一个夹层空间，四分之三的墙面都无法接触到阳光，因此，稍有不慎，公寓就可能带来令人窒息的逼仄感。然而，这间公寓色调明亮的装修将问题处理得很漂亮。浅色木料的地板和家具、白色的瓷砖，加上透过起居室窗户照入的丰沛阳光，营造出了一种比实际面积更大、更通透的空间感。

　　面对实用面积如此局促的一间公寓，设计师需要付出极大的心血，才有可能挖掘出足够的空间，打造独立的卧室、起居室、门厅、厨房和浴室。在作为钢琴工作室的日子里，它需要的是技艺高超的艺术家；同样，要在如此有限的空间里发掘出最大的可能性，它依然需要一位高明的艺术家。

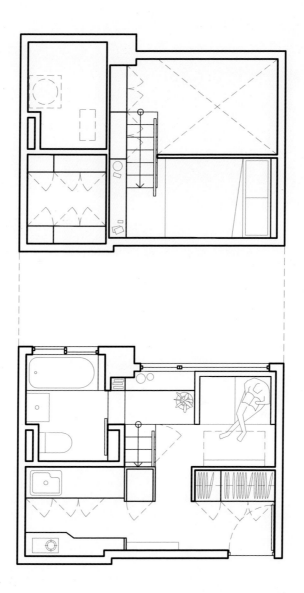

对页图 从夹层下方看起居室。如果没能充分利用层高，整间公寓就几乎只容得下一张床，而没有富余空间安置其他东西

上图 起居室里有一张定制沙发和一张折叠桌。拉起桌面，就会露出背后的储物空间

第136—137页图 舒适泰然与幽闭窒息的差别，就在于用心设计的定制家具与精挑细选的配件

下图　厨房和洗衣空间共享门厅过道尽头的小角落

对页上图　一个小巧的定制搁板安放在楼梯上方，正对夹层卧室里大床的床脚

对页下图　额外添加的楼梯外形独特，帮助浴室和厨房跳脱出原始平面布局，有了全新的面貌

四次元口袋屋

马德里的大使区位于这座西班牙首都的市中心，地理位置令人羡慕。这是个繁荣的移民社区，人口密度很高，跃动着勃勃生机。作为行政区的文化中心，拉瓦皮耶斯是一个相当时髦的街区，新移民们在这里创造出了不容错过的多元饮食与艺术景观。当然，这一切都是有代价的。

房价日益高涨，许多当初成就了拉瓦皮耶斯的居民都被挤了出去。这套33.6平米公寓的屋主意识到，本区的短租房价节节高升，是因为有人把目光落到了旅游者的口袋里。可他们更愿意为长期定居在这个社区的人打造一个舒适的居住空间。他们相信，以常住居民的角度出发，重新设计并装修老房子，对本区未来的发展更有好处。

33.6平米
Elii
西班牙，马德里，拉瓦皮耶斯

对页图 活泼的木料与薄荷绿的家具面板背后隐藏着无数别具巧思的储物空间

在接手这套微型公寓的任务时，本地建筑设计事务所 Elii 面对的，是 20 世纪早期西班牙公寓的典型隔间布局。公寓有一间单人卧室，有独立的卫浴、厨房、起居室和门厅，整体组合起来，形成了一个让人难以理解的"L"形。

"四次元口袋屋"的概念起源于一个日本动画人物的魔法口袋，里面装满了来自未来的神奇物件。要实现这样的设计构想，公寓原有的内部设施必须全部拆除。最终的成果也做到了名副其实：在上下两层的公寓里，每一寸空间都得到了最充分的利用，从墙面与活动门板的背后，到定制家具的内部，储物空间无所不在。

在这样面积的住宅里创造出两层空间（哪怕两层之间的高差只有区区 1 米）是一项非凡的成就。"为了实现这一点，我们牺牲了一部分卧室区域的层高。"设计师团队解释，"毕竟，床只是用来躺的，没必要把层高浪费在睡觉上。"这项牺牲非常值得，换来的是更多储物空间。

几级体育馆看台式的台阶通往二层平台上的卧室和卧室后侧的浴室。和许多设计巧妙的微型公寓一样，这里还藏着许多一眼看不到的东西。这些台阶的功能显而易见，但它们同时还是一套机动灵活的座椅，内里更藏着一组抽屉，后者简直是完美的衣柜解决方案。

和二层一样，一层也对地面空间进行了充分挖掘。事实上，若不是在小户型生活过相当长的一段时间，就无法真正体会到，在这样有限的面积里，储物空间有多么可贵。充足的储物区域并没有挤占其他设施的空间。厨房设施齐备，所有大户型会配备的用具在这里同样一应俱全，甚至还额外塞进一个欧式洗衣柜——嵌在柜子里的洗衣机和配套设施。浴室需要穿过卧室才能进入，里面装有一个下沉式的淋浴间，还能兼作浴缸。这是个小小的奢侈享受，出人意料，却着实体贴入微。

薄荷绿的橱柜、白色瓷砖、蓝色勾缝，加上浴室里鲜艳的明黄色块，四次元口袋屋俏皮地运用色彩来呼应拉瓦皮耶斯的活力。西班牙的太阳似乎永远不知疲倦，慷慨地将阳光倾注到这个空间里，一如四次元口袋屋称之为"家"的这个社区所具有的蓬勃生命力。

对页图　明黄色块加上蓝色勾缝的白瓷砖，
打造出了一个独一无二、明快活泼的浴室

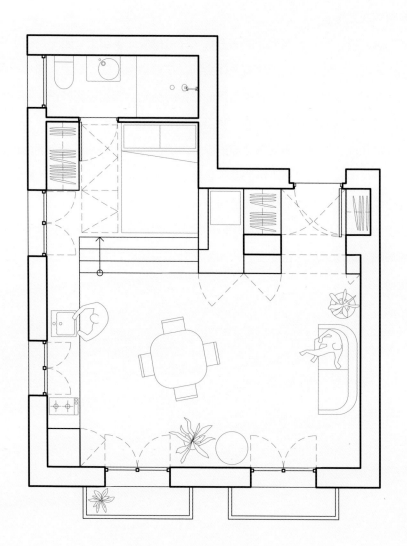

上图 薄荷绿的色调从房门口一直延伸到起
居区域

上图及对页图 台阶不但为客人提供了体育
馆看台式的座位，还能抽出来，露出深藏在
内的特制抽屉

上图 色彩是这份设计的重要组成部分，在大胆的浴室设计中尤为突出

对页图 欧式厨房与起居室同宽，中间嵌入的座位和窗户将操作台分成了两个部分

里维埃拉船屋

在涉及小户型设计时，设计师埋头苦想，往往不如从传统造船工匠那里汲取灵感。除了这些以改造奇形怪状的狭小空间为业的人，还有谁更适合求教呢？他们是擅于开拓多功能性的大师，懂得如何才能满足水手在航行中的所有需求，从吃饭、睡觉，到休闲放松——即便在海上，也还是需要运动和娱乐的。那些有关哗变与暴动的海上故事霸占了我们的想象空间，可在很大程度上，绝大多数的航行都是乏味的。在这之中，船舶设计师厥功至伟，他们负责打造出合适的空间，以期水手们不至于被闷到爆发叛乱的地步。

35平米
Llabb
意大利，拉斯佩奇亚，德伊瓦马里纳

对页图 卧室汲取了船舶设计的灵感，被安顿在了一面与公寓同宽的定制墙体里

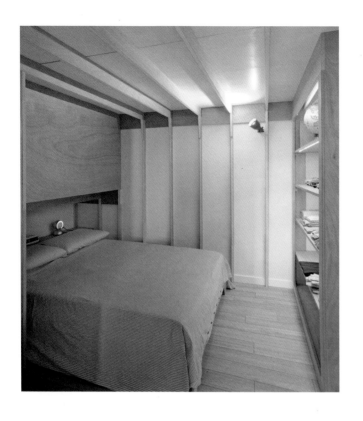

　　凭借着热那亚的深水港，利古里亚在意大利的航海史上占据了举足轻重的地位。事实上，热那亚共和国的存续时间仅次于威尼斯共和国。有鉴于此，卢卡·斯卡杜拉和费德里克·罗比亚诺这两位Llabb建筑设计事务所的联合创始人在打造里维埃拉船屋时会如此倚重航海设计原则，也就毫不奇怪了。里维埃拉船屋是一套35平米的公寓，位于海边小城德伊瓦马里纳。

　　这套地处利古里亚海岸的公寓是一个小家庭的夏季度假小屋，屋主只向设计师提出了一个简单的要求：能塞进多少"铺位"就塞多少，同时保证舒适性与宜居性。斯卡杜拉和罗比亚诺的事业起步于热那亚，这对夫妻搭档最初是橱柜制造商，对他们而言，为这套公寓做出如此复杂、精细的室内设计是自然而然的选择。为了寻找灵感，他们参加了一场船舶展，研究现代帆船，尤其关注空间分布比例、材料、内置式储物空间解决方案及表面装饰等。这些都能为这套小公寓的木工设计提供参考。

当你走进里维埃拉船屋，第一眼看到的，一定是"吃水线"。那是一条木带，将公寓分成了上下两个部分。木带横贯全屋，只偶尔在有搁板置物架或台面的地方才会中断一下。

尽管大多数线条都平直整齐，厨房区域的曲线却相当柔和，就像被最温柔的微风轻轻拂动的船帆一样。墙壁上三分之二的部分和"吃水线"以上的所有东西都漆成了淡淡的天蓝色，公寓因此显得更加柔软。那片蓝色，很可能就是利古里亚的天空。乍一看，室内的定制隔墙就只是一堵普通的墙，有两三个内嵌式的架子和壁龛。访客的注意力会被"吃水线"轻松地引向起居室和厨房，让人不禁怀疑，斯卡杜拉和罗比亚诺是不是故意忽略了主人对于卧室的要求。

然而，楼梯会告诉你，并非如此。轻轻推开楼梯顶端的嵌板，"水手舱"与储物区便会出现在你的眼前。"水手舱"里容纳了一系列铺位和隐蔽的房间。在这套公寓里，没有任何一块嵌板是打不开的，它们要么承担了某项功能，要么就是充当着另一个空间的入口。一切都是有用的，都是精心设计的产物。

斯卡杜拉和罗比亚诺深知："小户型住宅的居民同样有着复杂的生活，所以，小空间绝不等于简单，也绝不可以扁平。"就像航海时代的同行一样，他们明白，所谓设计良好的小空间，只有一个标准，就是"能让居住在里面的人以'复杂'、完整的方式生活"。正如最古老的热那亚海船，里维埃拉船屋证明了，高质量的工艺、经久耐用的材料，以及精心开发并利用一切可能的空间，永远都是打造一个家的必胜组合——无论它是在陆地，还是在海上，概莫能外。

对页图 所有卧室都能与主起居空间完全隔绝，这样的私密保障通常只能在较大户型的住宅中实现

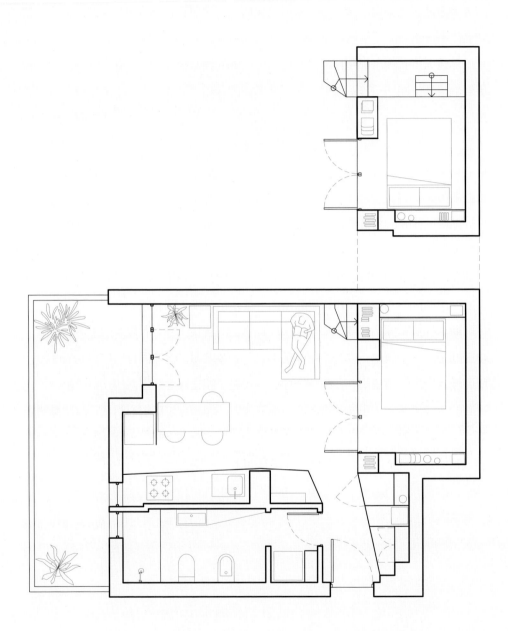

上图　定制墙上的这些弧角小龛为古玩和零碎小物留出了独属于它们的陈列空间

上图 光线穿过长条台面末端的窄窗，照亮了欧式厨房和餐厅区域

对页图 这面全尺寸的定制墙里藏着所有的卧室，还有一个储物区

左图　这些台阶看上去并没有通往什么地方，可只要推开隔板，客房的入口便会出现在眼前

流动公寓

　　这套小公寓位于墨尔本的里奇蒙德区，之所以称"流动公寓"，是因为它如今是一套奢侈的短租房。不过，在此之前，它是 T-A Square 的设计师提莫西·易和妻子琳达的梦幻之家。当初，这对夫妻被高昂的房价赶出了他们深爱的中心城区。这间公寓出现在他们面前时，还是一个老旧的单间公寓，面积只有区区 29 平米，位于一栋 20 世纪 60 年代的楼房底层。易先生有心将这套公寓改造成一处兼具家与旅馆功能的综合居所——首先是一个家，能提供他与妻子想要的一切舒适与便利；然后才是旅馆，待到将来的某个时候，作为小户型设计的典范，供旅行者欣赏、享用。

29平米
T-A Square
澳大利亚，墨尔本，里奇蒙德

对页图　穿过公寓储物墙上的一条走道即可
进入卧室。卧室前有一级台阶，抬高的地面
隐藏着从下方穿过的管线设施

　　提莫西·易从日本和斯堪的纳维亚半岛汲取灵感。在这两种设计审美中，天然木材的质地与温暖感是备受推崇的经典要素，而在易的设计中，你首先感受到的也是这两点。公寓的起居空间选用了宽条栎木地板，墙面和天花板则覆盖着桦木胶合板。在小木屋般的氛围中，设计师刻意使用了一些更有分量的材料来与木料形成鲜明的反差。比如，厨房里采用了黑色粉末涂层钢的操作台面和金属网柜门。这些网筛模样的柜门不但减少了诸多电器带来的视觉上的杂乱感，也方便住客轻松找到他们想用的东西。厨房区域上方的定制灯具也选用了黑色钢材，只是这里用到的是喷砂面工艺，灯具造型则选择了朴素的雕刻线条式样。除了作为光源之外，它还是一个展示架。

　　浴室与起居空间连通，位置与布局都原封不动地保留了原始的房屋结构。设计师利用白色的正方形瓷砖增加了浴室的现代感。同样的瓷砖从地板、四壁一直贴到天花板，覆盖了室内所有建筑表面，也让整个空间显得更加宽敞。水龙头和毛巾挂钩凸出在白色瓷砖墙面上，十分醒目。一条裸露的水管从四四方方的黑色盥洗台伸向天花板，竖直的管身上悬挂着一面正圆形的镜子。镜子与下方圆形的洗脸池呼应，同浴室大背景里不断重复的正方块形成了明晰的几何对比。

　　卧室所在的区域原本是个独立的厨房，如今地面抬高，与公寓其他区域形成了一级台阶的落差，床就放在抬高的地台上。这种设计的视觉效果有点儿像抬高的凹室或壁龛，类似日本传统建筑中一种名叫"床之间"的经典结构，只是它们通常用于陈列艺术品。不过，这里的卧室设计完全是出于实用考虑，目的在于留出厨房管线排布的空间。

　　公寓最重要的功能设施是一面储物墙，它将公共区域和私人空间分隔开来。门框上方的空间同样被机智地开辟为储物空间，其中还藏着一台空调。这是设计师在仔细考察过空间尺寸后做出的设计：隔墙整合了丰富的功能，却恰如其分地只占据了必要的空间。此外，由于新增了一面墙壁，卧室和浴室分别拥有各自的专属过道，过道不宽，但深度足够容下作为卧室和浴室房门的金属网推拉门。墙体内得以开辟更多的储物空间，还容纳了一套充满灵感创意的抽屉式洗衣篮。

　　洗衣篮是必不可少的日常生活用品，但它凌乱的外观会破坏整体设计所精心塑造的美感与氛围。于是，这个巧妙的设计，不但避免了对室内风格形成干扰，反倒有所补益。这个细节体现了设计师对于极简生活方式的追求。他将追求融入设计中，打造出一个自己能够而且将要在其中生活的空间。

对页图　储物墙在极其有限的地面面积上创造了惊人的储物空间

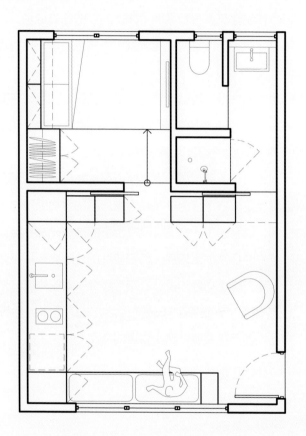

164

上图　从地板、四壁到天花板，黑色勾缝的白色正方形瓷砖贴满了浴室，在袖珍的空间里营造出宽敞的错觉。白色几何图案的背景上，黑色的浴室橱柜、五金件、金属网格移门和兼作镜架的裸露水管十分引人注目

第 166—167 页图　黑色粉末涂层钢与喷砂钢，桦木胶合面板与栎木地板，两类材质的精心选择打造出鲜明的对比

上图 地板、墙壁和天花板都使用了木材，
营造出小木屋一般的氛围

对页图 设计师同样考虑到了卧室的储物问
题，床头环绕着宽敞的组柜

贝克斯洛特汉姆公寓

很少见到有小户型住宅的改造是增加密度、减少空间的。可乍一看，贝克斯洛特汉姆公寓似乎偏偏就是这样做的。尽管浅色木材温暖而不乏质感，但不可否认，在这间总面积不过 45 平米的跃层公寓里，正中央的胶合板结构是个笨拙的庞然大物。当然，只要仔细看看，你就会发现另有乾坤。

45平米
Heren 5 architects & Paul Timmer
荷兰，阿姆斯特丹，贝克斯洛特汉姆

对页图 巨大的胶合板立方体集浴室、厨房和大量储物空间于一体，顶上还是主人的卧室

　　贝克斯洛特汉姆公寓位于阿姆斯特丹北部的老旧工业区内，接手公寓改造设计工作的，是阿姆斯特丹的建筑设计事务所 Heren 5。除了这间公寓，这家事务所还同时改造了这栋大楼里的另两套公寓，每一套的住户都来自不同年代。设计师修尔·克拉特芒斯和耶胡恩·阿特维尔德受客户委托完成三套公寓的设计，一套给他的祖母，一套客户自己住，最后一套贝克斯洛特汉姆公寓，则是为他的女儿准备的。

　　三套公寓都位于运河岸边，这是阿姆斯特丹较大的支运河之一。透过落地玻璃窗，公寓坐拥优越的河上景观。不过，就算有河景分散注意力，你的目光还是会很快被这个高达3米的胶合板设施吸引过去。公寓层高3.2米，因此有足够的高度供设计师施展拳脚，纵向切分层次就是一个值得探索的选项。但设计师没有选择多层立柱支撑的架空平台来打造阁楼式的夹层卧室，而是找到家具设计和制造商保罗·蒂默尔，设计了一款内置结构。在蒂默尔的设计中，这个结构体的顶上可以安放一张双人大床，内部则提供了额外的独立空间可资利用。

　　通往床铺的悬空台阶带来了一种宛如太空漫步的感觉。床铺周围宽大的壁架有更实用的功能，可以放书、笔记本电脑和其他物品。"飘浮"的台阶固然宛若梦幻，这个正方体结构对于空间的巧妙运用才是真正的魔法。正方体上有不止一处隐蔽的门和抽屉，壁板背后更是别有洞天，不但藏着一间宽敞的浴室，还有一个"就这样面积的公寓来说未免太大了"的洗衣兼储物空间。此外，一床为留宿客人准备的床垫也十分巧妙地收纳在起居区域下的平台。

近乎标准规格的厨房令人印象深刻，更夸张的是这里竟然还有一个面朝室外风景的操作岛台。这个木头立方体不但提供了额外的工作台空间，还容纳着一个四灶眼的炉台、一台电冰箱，以及充足的食品储存区和抽屉组合。餐厅与厨房区域处于同一平面，起居区域则位于与中央大方块相连的定制地台上，两者各自独立，中间隔着一级小台阶。起居生活与厨房餐厅两大独立功能区就此得到了明确界定，在不动声色间实现了一项重要的空间划分。

中央立方体的顶端四角切割出钻石状的斜面，营造出逐渐收缩的视觉导向，底部也是如此，只是方向翻转。这样，便打造出了两个看不见的"消失点"——就好像这个结构体是有来处，也有去处的。视觉很容易受到引导，继而自行构建出一些东西。在这样一个占据了房屋正中的大家伙上摒弃尖锐的线条和棱角，能够弱化突兀强硬的视觉感。事实上，这是一个聪明的方案，设计者清楚地了解它的边界在哪里，有节制地将一切都控制在功能所需的范畴内，绝不越界。

对页图 只靠两个巧妙的细节便实现了空间划分：地板材料的变化；起居区域与餐厅区域之间一级台阶的小小落差

173

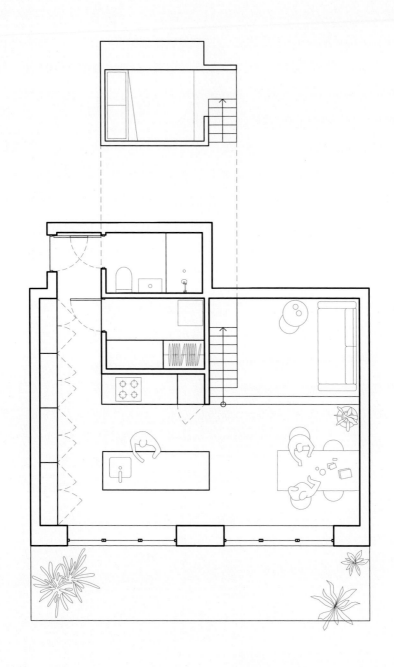

对页图 很少能在这样小的户型里看到这样
大的厨房岛台

上图 钻石状的边角让整个立方体看起来仿佛"飘浮在空中"一样，边缘渐渐融入公寓其余的空间内，弱化了这个庞然大物在房间里的突兀感

对页图 通往卧室的台阶看上去仿佛是悬空的

Part Four: Revive

第四部分：老破小的复兴

让旧物焕发新生

建筑业消耗自然资源，对气候有着巨大影响。许多设计师开始质疑，打造一个迷人的家，真的需要从空白画布开始吗？相反，他们相信，创造新的、激动人心的东西，并不意味着必须将旧的摧毁。

中高密度的建筑是19世纪末到20世纪之间的一大进步。在那个年代里，人们关注的是高品质的建筑材料与技术，也就是说，房子造出来，是要能住很久的。本章节的设计师更关注复兴，而非重建。

其中一个经典范例就是伦敦的巴比肯庄园，它是20世纪50年代横扫设计界的后现代野兽派运动在那座城市里的最佳例证。尽管在当时引起了极大争议，如今的巴比肯却早已成为伦敦市内最受追捧的地段之一。它的成功，在很大程度上要归功于后来的设计师。他们对巴比肯的许多公寓进行了现代化的内部改造，使其能够满足当下住户的期望，适应新的生活方式。这些创新者充分发掘原有建筑阔绰的大窗与层高等诸多特色，利用错觉，营造出更好的空间、光线和运动感。

从墨尔本的近郊，到蒙马特高地的街巷，这样以复兴为主旨的设计正出现在世界各地。富有责任心的屋主与设计师并肩协力，让老旧的建筑焕发新生。事实上，他们所复兴的并不止于一室，还有他们深爱的城市。

开罗单间

　　位于菲茨罗伊的开罗公寓大楼在当地人心目中拥有特殊的地位。这栋建于1936 年的装饰艺术建筑是登记在册的重要历史建筑，以其独特的建筑风格而备受喜爱。这些出自设计师贝斯特·奥弗伦之手的公寓房位于墨尔本北部的内陆地区，距离海湾边微风轻抚的南部城郊还有相当一段距离。然而，这栋建筑的灵感却来自海洋。公寓以远洋海轮为主题，房间有舷窗，阳台有独具特色的混凝土悬臂，整栋楼宇还有独一无二的螺旋式楼梯。

23平米
Agius Scorpo Architects
澳大利亚，墨尔本，菲茨罗伊

对页图　这间公寓里最巧妙的设计就是移动隔墙，它分隔了厨房与卧室，其上的搁架在厨房一侧是储物柜，在卧室一侧则是书架

　　开罗公寓被视为奥弗伦最出色的作品，是他所谓"最小公寓"时期的巅峰之作。"最小公寓"这个概念所探寻的，是"最小面积内的最大宜居性"。正如它的海洋主题，这座建筑被设计为"系列"单元房，一间挨着一间，一排摞着一排，所有房间共享公共的餐厅、洗衣房和社交区域。

　　虽然这些单间公寓又小又密集，但建筑设计所带来的空间感成功弥补了室内面积的不足：3 米的层高、宽大的窗户、良好的通风、绿意盎然的公共区域……这些元素所具备的开阔感合力为开罗公寓营造出通风、宁静的感觉。

　　开罗单间在房型图上标出的面积是 23 平米，可是，经过了尼古拉斯·阿吉厄斯的设计改造之后，你很可能会在进门的一瞬间产生误解，以为它的实际面积只有上述数字的三分之一。阿吉厄斯是 Agius Scorpo Architects 的设计师，他的兴趣在于"创造一个拥有不同空间的套房，而不是拆掉所有的墙和门"。无论空间多么局促，依然应当确保住户的隐私得到足够尊重，这很重要。为了做到这一点，设计师意识到，必须保证所有区域都能充分受益于公寓面北的朝向优势，让建筑细节发挥出各自的光彩。

阿吉厄斯设计了一系列平摆门和移门，为居室赋予了一种巧妙的灵活感。比如，只要拉开厨房的储藏室面板，就能将摆放着床铺的小角落变成一个真正的私密卧室——这个角落占据了从前厨房的位置。这块厚门板上还设计了隐蔽的搁架：面朝厨房的侧面搁架上可以放置更多的餐厨用具和食品；作为卧室门滑开时，朝向卧室的部分则是一个拥有足够进深的书架。

厨房平时隐藏在一扇大摆门背后，拉开摆门，迎面而来的便是黄色金属与木材带来的冲击，叫人惊叹的是，上面还装饰着谷仓式样的十字梁。主起居区域是一间清新的纯白房间，全开的落地窗正对着一个与之同宽的阳台。

穿过起居室，便来到了浴室和更衣室。两者之间用半透明的玻璃窗格作为隔断，既保证了光照，又能保护隐私。两个空间都足够宽敞，能让人在里面自如活动——浴室里甚至放了一个浴缸！盥洗池在隔壁的小房间里，后者同时还是衣橱兼更衣室。

到了晚上，精心布置的照明系统向上投射出温暖的灯光，照亮整个房间。灯具巧妙地隐藏在木制家具内，营造出舒适的氛围，却不会投下太多阴影，顺便还强化了贯穿整间公寓的黄白配色与木头材质所带来的质感。

这间微型公寓是对奥弗伦"最小公寓"恰如其分的致敬。一方面，它尊重开罗公寓所蕴含的力量与历史；另一方面，它也是深思熟虑后对现代生活的适应与调整。

对页图　厚厚的移门不仅能够随时打开或关闭通往起居区域的通道，还为卧室提供了额外的储物空间

183

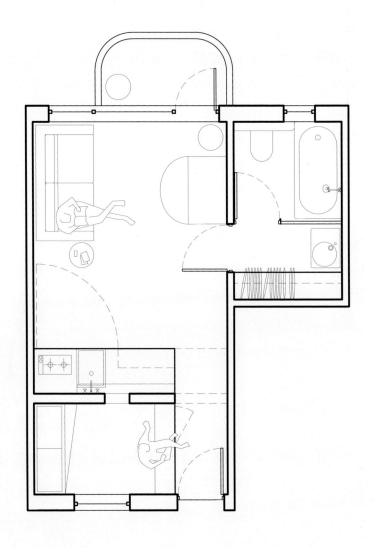

对页图 浴室和更衣室被一块半透明的玻璃
隔断分开，确保了光线能够"穿墙而过"

上图 谷仓式的门背后藏着设施齐备的厨房、储藏柜和主人家的食品储备

对页上及下图 乍看只是一个实用主义的储物组合柜，打开却是一片黄色的冲击波

卡卢特公寓

    小户型住户通常都是夫妻或单身人士，可如果要住进来的是一整个家庭，该怎样才能在不宽裕的空间里为他们设计一个家呢？夫妻搭档尼古拉斯·罗素和劳伦·罗素在翻新一间现代主义公寓时就遇到了这样的挑战。公寓位于墨尔本市郊精英云集的图拉克区，面积40平米，入住人口包括罗素夫妇和两个年幼的孩子。在这个案例中，他们对建筑空间的利用正是关键。

40平米
Nicholas and Lauren Russo
澳大利亚，墨尔本，图拉克区

对页图　作为公寓原有的特色之一，绿色砖
墙在起居区域得到了大胆彰显

虽说保留公寓原始面貌很重要，但有些东西还是必须摒弃的，比如独占一间的厨房，在 20 世纪 60 年代的一居室公寓中，这样的配置很常见。然而，罗素夫妇从中看到了开辟第二间卧室的可能——就这样的住宅面积来说，拥有两间卧室完全是质的飞跃。不过，他们并没有选择花费更高的成本去拆除旧有管线，而是造了一个抬高的卧室地台，让原有管线从床下穿过，延伸到新的厨房。这也让他们有了开辟更多储物空间的余地——对于有小孩子的家庭来说，这一点至关重要，因为孩子的成长少不了玩具和一些占地方的必需品。

新的厨房被安置在了如今的开放式起居兼就餐区域里，空间虽小，却也配上了带有冷冻室的标准尺寸冰箱、一台烤箱，甚至还有一台洗碗机。所有设备被巧妙地隐藏在刷成灰白色的胶合板镶板后面，既保障了居家生活的实用便利，又能避免对其他日常活动造成干扰。选择胶合板，是因为它们"好用、便宜，而且经久耐用"。纵观整个公寓，从嵌入式的固定餐桌板（也是起居室的第二张沙发），到两个卧室里的储物空间、起居区域的全套置物架，乃至于门厅处的读书角，这个材料无处不在。

不同于对老厨房的处理，罗素夫妇希望保留公寓原有的整面绿色砖墙，这能让人想起战后时期的乐观主义和表达方式。这个大胆的元素从门口一直延伸到起居区域。嵌在墙上的黄铜角铁和上面的胶合搁板可以根据家庭生活的需要增加或移除。与头重脚轻的书架或笨重的壁橱比起来，这个聪明的替代方案更安全，也更美观。

家中遍布落地玻璃窗，考虑到两个年幼的孩子，安全是最重要的。因此，下层玻璃窗格还额外加装了齐腰高的冲孔钢网罩，既无碍于阳光进入室内，又提供了安全与隐私保护。

起居兼就餐区域装了一道横贯全屋的隐蔽窗帘杆，全幅的窗帘垂落下来，为公寓增添了一种"有助于隔音并软化视觉的结构元素"。帘子能完全遮住厨房，也能将学习角变成私密的空间。当有人想要专心学习时，只要放下帘子，就能阻挡一部分噪声，同时减少视觉上的干扰，其他人也能自由地在厨房和起居区域活动了。这是罗素夫妇为划分区域而设计的又一个小细节，虽然只能隔出小小的空间，但感觉更像一个家了。

上图 一幅雪纺绸帘子扮演了划分不同空间的软隔断，可以灵活地分隔或连通各个区域

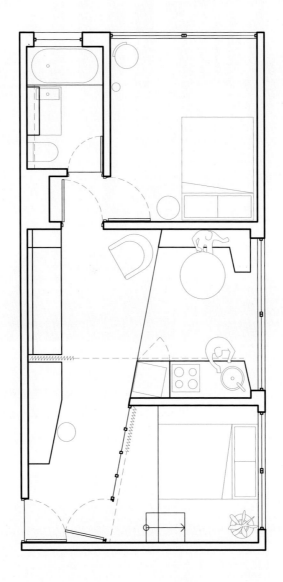

对页图 了不起的小户型设计师们懂得如何充分挖掘一切可用空间。在卡卢特公寓里，量身定制的储物空间就被巧妙地安放在了主人床下

上图　厨房功能齐备，却极致简约，电器和储物空间都收纳在嵌入式的橱柜里

对页图　就引入自然光以增加室内采光而言，落地窗非常棒，但对于小孩子来说，却存在风险。在这里，一面冲孔钢网罩覆盖了落地窗的下三分之一区域，不仅筑起了一道安全屏障，也不会牺牲室内采光

上图　嵌入式的卧室将储物空间向上移，充
分利用了通常会被闲置的空间

对页图　浴室的混凝土墙面将它与公寓其他
部分区分开来

布雷拉公寓

虽然地处米兰市中心，周围还分布着好几个基督教圣地，布雷拉区却出人意料的宁静。事实上，早在卡尔·奔驰的眼睛看到第一辆汽车之前，这个中世纪城区就已经规划、布局并建造完成了。因此，尽管身处条条大道的包围之中，布雷拉的居民却能独享清净，免受繁忙交通之苦。

在这个街区的好几处地方，狭窄的街道让位给了开阔的广场，行人在广场上漫步，欣赏时髦的精品店铺，自然也少不了呈现出一派繁荣的露天餐饮场所。然而，这个米兰时尚地区的主角依然是公寓生活——走进不同人家，你看到的，将是数个世纪以来该地区的风貌画卷。

32平米
ATOMAA
意大利，米兰，布雷拉

对页图　大大小小的圆形孔洞充当了嵌入式橱柜面板上的把手，还能由此透入零星光线，照亮原本漆黑一片的空间这里的许多建筑都拥有上百年的历史，大多建于 19 世纪，在过去经历了不止一次改造翻新。但是，要说到对于现代小户型家居可持续生活的展望，就再没有比米兰本地建筑设计事务所 ATOMAA 打造的布雷拉公寓更好的了。

　　这套公寓位于一栋 18 世纪的大楼里，与大楼外观截然不同。ATOMAA 的设计师团队从日本设计的巧思与现代欧洲建筑中汲取灵感，定下了"折纸灵感"的设计主题。在打造这样一个折纸空间的过程中，ATOMAA 对公寓结构做出的唯一明显改变，就是拆除了卧室与起居室之间的隔墙。开放式结构让设计师有充足的空间可以灵活安放一系列移动木板，而住户也可以随时根据需要将它们组合排列。在区区 32 平米的面积内，并没有太多空间可供发挥。但是，这个巧妙的构造却实现了卧室、就餐区、厨房和起居区域之间的划分与区隔。

　　通常，在这样大小的住宅里，储物空间是需要首先考虑的问题。但现实摆在眼前：没有足够的空间。正因为如此，布雷拉公寓在设计中表现出的创造力才更显得迷人——这间公寓拥有着丰富的储物空间。卧室地台可以整体抬起，下面藏着宽大的衣橱；厨房橱柜又多又大，完全符合意大利家庭的必备需求……在这里，每一寸空间都得到了充分利用。1.4 米高的卧室地台前甚至还设置了一套可以拉出的隐形台阶，让登高上床变得更容易。

　　此外，诸如在橱柜面板上挖几个圆洞来取代把手这样的小细节，也无不令布雷拉公寓变得格外与众不同。这些圆洞无处不在，也出现在了卧室区的移动折叠木板上。白天拉开木板，便能将睡觉的地台和床铺整个隐藏起来，与此同时，零星的外部自然光依然能透过圆洞照入这个空间。

　　"灵活性"是这套公寓设计里最强调的概念。随着住户活动需求的改变，布雷拉公寓可以在一天中的任意时段里随时变形。上午、下午、晚上，不同时段到来的客人在这里看到的都可能是不同的房间布局。生活中，每天都有许多事情要完成，小户型住户无法奢侈地随时走进不同的房间去做不同的事。他们必须调整空间，让空间来适应自己的生活方式。

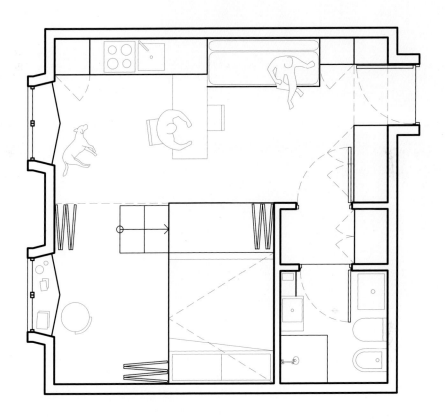

对页上及下图　卧室有两面墙采用了折扇式的隔板，隔板收起，卧室便与其他区域融为一体；日常休闲时拉开隔板，则可以避免床铺成为整个公寓中突兀的存在

上及下图　推起床铺，便能露出隐藏的储物空间

第 204—205 页图　这个小小的公寓里设置了大量橱柜和隐蔽的储物空间，就连台阶都能在不用时收起来

巴比肯单间

巴比肯庄园突兀地从伦敦市中心拔地而起，笨拙庞大，骨架支棱，灰暗、颓丧、陈旧破败，与伦敦人相看两厌，彼此切齿痛恨，消磨尽了所有生气。事实上，这栋 20 世纪 70 年代的建筑的确常常出现在伦敦市最令人讨厌的建筑名单上。

然而，这种（往往仅限于口头上的）厌恶并不为伦敦金融城的 6500 位居民所认同，他们是伦敦总人口的重要组成部分。事实上，从巴比肯庄园的排队名单可以看出，知情人士对这处地标建筑所能提供的生活有截然不同的看法。

41平米
SAM Architects
英国，伦敦，伦敦金融城

对页图　这个单间公寓内部温和、洁白、极致简约，与巴比肯庄园大楼的野兽派外观形成了鲜明反差

巴比肯庄园坐落于一处扼守城市入口的罗马要塞旧址上，它的名字也来源于此——"巴比肯"的本义就是碉堡。气势汹汹、冷酷无情，还受到保护，也就难怪在外人眼里，这处野兽派建筑的典范之作是那样固执而且不讨人喜欢了。巴比肯庄园刻意裸露的钢筋混凝土外墙粗犷又粗糙，不经打磨，好几面墙上都有细缝模样的箭道口，曲曲弯弯的人行通道仿佛是故意要为爬楼的人制造障碍而设计的。好在越来越多的年轻人选择这处"庄园"安家，对于他们来说，这样的楼梯绝对是好东西！

巴比肯单间却与它所在的建筑截然不同。这套 41 平米的公寓是个温和的地方，墙面干净明亮，有温暖的灯光和雪纺绸的软隔断，风格极简，却充满了家的感觉。

面对小户型公寓，拆掉内墙来腾出空间是设计师常见的做法。但来自 SAM 建筑设计事务所的设计师梅勒尼·舒伯特却选择了完全相反的做法。在她看来，原有的平面布局还不足以提供充分的隔断和私密空间，于是，她设计了一套定制款的多功能橱柜，集中央储物区、衣橱和洗衣房为一体，同时在房门入口与卧室之间添加了一重隔断。

一道与卧室同宽的白色半透明挂帘与多功能储物柜垂直相交，将卧室与起居空间分隔开，提供了私密的个人休息空间。同样材质的窗帘也被用在公寓的落地大窗前，窗外是一个小小的阳台。当放下的白色窗帘在伦敦城夏末的微风中轻轻拂动时，你很可能会忘记自己身处何地——野兽派运动时最受推崇的建筑作品。

说到卫生间，要不是配备了现代水箱处理系统，很容易让人误以为来到了罗马时代的某个公共厕所。在木头箱子上凿个洞当马桶，乍看好像是审美的倒退，可事实上，却是一个精心设计的方案。和传统样式相比，这个马桶多了一个盖子。马桶的独特形状也是为了充分利用所有可用空间，而加了盖的马桶还充当着住户更衣的坐凳。

如果你有幸拥有了两千"巴比肯魔法钥匙"中的一把，就能同时收获包括私家花园、散步道、观赏池塘和瀑布等在内的一大笔财富，它们都是住户专享的。和舒伯特在这座令人生畏的堡垒中打造的迷人空间一样，这些公共区域都是巨大的奢侈享受，你绝不可能在角逐伦敦中心城区天际线的诸多新建住宅楼里找到第二个这样的地方。设计师们还在不断进行着巴比肯庄园内部的现代化改造，因此，未来的它依然极具吸引力和价值，一如既往地提醒人们：在对艺术、文化和设计的追求中，城市不惧冒犯。

对页图 这组多功能橱柜集中央储物柜、衣橱和洗衣房于一身，同时在房门玄关与卧室之间建立起了一道隔断

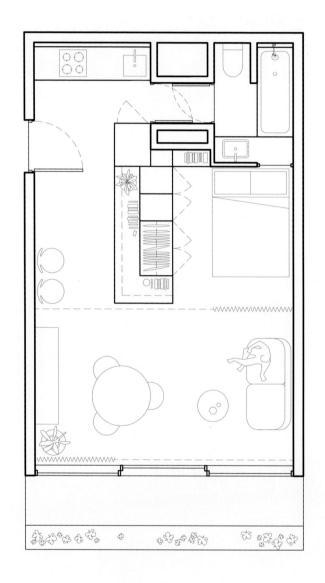

上图 尽管备受设计师等职业人士推崇，巴
比肯庄园依然在 2003 年的"英国最丑陋建筑"
投票中榜上有名

左图　木头材质的定制储物柜及其他家具数量不多，却成功中和了雪纺绸垂帘与白色主调带来的柔弱感

上图　起居区域旁边就是窗户与阳台，入夜之后，只要放下卧室的帘子，就能隔出一个私密的小空间

小镇洋房

贝斯纳尔格林丰富的制造业历史可以一直追溯到其诞生之初。数百年来，它与相邻的斯皮塔佛德一样，都以丝织业闻名。然而，名气并没能为这个地区带来财富。事实上，它简直称得上贫困潦倒，贫民区的恶名与丝织业的美名同样响亮。

40平米
Studiomama
英国，伦敦，贝斯纳尔格林区

对页图　所有家具都出自托尔斯特鲁普之手，要么是她为小镇洋房度身设计，要么是从旧货回收店或慈善商店里淘回来再加以改造的

　　这个地区的当代建筑面貌是在二战之后才逐渐成形的，毕竟，它在战争中承受了毁灭性的轰炸。这一带的复兴花费了数十年时间，大规模的社会福利住宅区取代了贫民窟，只是依然不乏废弃的建筑和仓库散落在贝斯纳尔格林各处。仓库价格低廉、采光充足、空间宽敞，吸引着创意人士来到贝斯纳尔格林，他们常居于此，也反过来改变了这一地区的面貌。这个伦敦城里前卫而又洋溢着生机的角落，正是尼娜·托尔斯特鲁普的家乡。她来自 Studiomama 事务所，是一名横跨多个领域的设计师与制造商。不过，小镇洋房倒不是托尔斯特鲁普的家。

　　单看这座小屋的外观，也多少能猜出它从前的身份：一家木工作坊。托尔斯特鲁普与这位木匠熟识，木匠退休后，她便将它买了下来，打算改造成自己的工作室。可她终究还是更喜欢自己现有工作室的地理位置——就在自己家里，非常方便——于是转而将这间作坊改造成了一个招待来访亲友的地方。

最初的木工作坊有两层楼，只要将原来的屋顶提高半米，就能再插进来一个20平米的夹层。这会让整个空间都显得宽敞很多，远不像实际的40平米那样局促。

受限于局促的空间，工作坊的采光也很不足。为此，托尔斯特鲁普增加了一扇朝南开的天窗，同时在二楼的地板上嵌入一块玻璃板，让光线能够直达一楼的厨房和起居室。一楼后墙同样嵌入玻璃板，确保这一区域能得到足够的自然光照，而不必仅仅依赖房门侧面孤零零的可怜小窗。

这套住宅共有两间卧室。但与其说是卧室，倒不如说，它们更像是睡眠舱。这是深思熟虑后的选择，因为托尔斯特鲁普的初衷是打造一个不被固定的灵活空间，而这些小房间一样的围栏间可以是卧室、办公室、游戏房，或者某个完全取决于使用者需求的空间。位于夹层的卧室就像飘浮在屋子里的树屋，需要登上一段架空的楼梯才能进入。两处睡眠舱室都是用花旗松木制作的，这是一种略带浅粉色泽的白色木材，地板和厨房橱柜也都选择了同样的材料。建筑材料相互呼应，无所不在的木料带来了温柔与温暖的感觉，墙壁与天花板纯白一色，种种元素叠加，营造出了宁静明朗的氛围，除此以外，更是托尔斯特鲁普对她血脉中斯堪的纳维亚根源的致意。

在小镇洋房里，艺术作品和家具（所有家具都是托尔斯特鲁普自己动手量身定制或升级改造的）都是色彩的游戏场。色彩的冲击充满趣味，让人心情舒畅，但它们并不会出现在永久性的固定建筑结构上——除了浴室。从地板、墙壁到天花板，这个房间整个都被刷上了最明媚的日光黄。在整套住宅平和冷静的色调中，这是一个让人快乐的惊喜，也是托尔斯特鲁普作品中一切奇思妙想的代表。

对页图　夹层睡眠舱一瞥，这个地方可以轻松化身工作间或游戏室

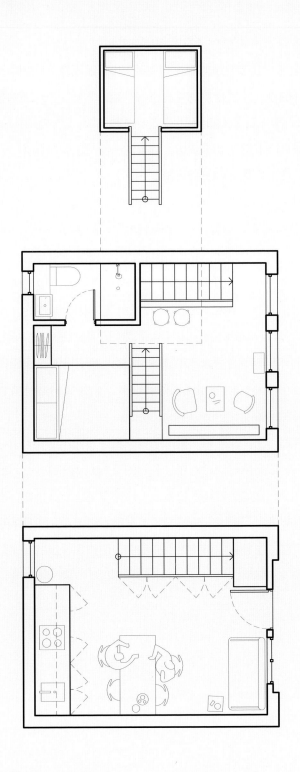

左图 在白色与原木色调配出的中性色调中，明黄色的浴室显得分外亮眼

右图 通过二楼地板上镶嵌的玻璃隔板，可以实现不同楼层间的光线交换

上图 登上一道梯子模样的台阶才能进入夹层卧室

下图 储物空间集中在二楼卧室的下方与两侧

对页图 三原色与几何线条构建的平面或立体形状是托尔斯特鲁普的风格标签，在她策划、设计的家具布置与款式上随处可见

第222—223页图 材料（尤其是花旗松木）运用的连贯呼应能够营造舒缓平静的效果，在这套公寓里，承担这一功能的是厨房橱柜。此外，为了减少操作台上的杂乱感，托尔斯特鲁普还在水槽边直接安装了一个开水龙头，替代电热水壶

达令港小屋

达令港小屋位于紧邻悉尼市金融中心区东侧一处魅力非凡的双子楼里，设计师布拉德·斯沃茨之所以买下它，正是被这处建筑迷人的装饰艺术风格所吸引。包括拱形大门和原木鸽子洞在内的诸多建筑设计细节早已为这两栋楼房下了定义。其中，鸽子洞位于门厅处，边框镶着奶油黄的瓷砖。但与那个时代的造物不同，斯沃茨的公寓在布局上还有许多不尽如人意之处。

27平米
Brad Swartz Architect
澳大利亚，悉尼，达令港

对页图 "顶天立地"的移动墙板可以将特定的空间隐藏或展露出来，在不同时段里实现公寓的不同功能

在这个只有区区 27 平米的空间里，原本还分出了一个独立于主起居区之外的小厨房。只是这一点，让整间公寓都透出陈旧过时的气息。这样的建筑格局代表着一个特定的时代：在那个时候，做饭远比社交、休闲来得重要。斯沃茨的第一个举措，就是将厨房解放出来，让它融入开放式生活的现代步调中。他把厨房移到主起居区，原来的小厨房改造成卧室，在这个空间里提供充足的私密保障，营造出庇护小窝一般的安全空间。

新的厨房被刻意设计得不那么像一个厨房。从橱柜到操作台，从水槽到水龙头，全都是黑色的。这样的厨房并不会在整体明亮的白色调空间中喧宾夺主，相反，它带来的是优雅的气质。所有电器用具都被隐藏在视线以外，大尺寸瓷砖铺就的黑色操作台勾勒出了迷人的纤细轮廓。水槽上方的橱柜里隐藏着一个沥水架，如若不然，晾在外面的盘子就难免要暴露厨房的真面目了。

达令港小屋是个明亮、热情的家，开阔通风的空间感消弭了面积不足带来的局促感。虽然最初的布局不尽如人意，但原装的窗户足以为整个空间提供充足的光照。

沿公寓一侧加装的移动墙里藏着"生活的享受",可以随时根据需要打开或关闭。这是一处精心的设计,旨在最大化地拓展公寓的起居生活空间。在卧室和起居区之间的墙上,设计师巧妙地嵌入了一个口袋式的小窗,小窗为卧室大窗带来的景观额外加上了一重"画框",营造出意料之外的进深与层次感,引得人禁不住想要凑上前去,看个究竟。

这套单间公寓如今已被改造成了功能齐备、愉悦舒适的双人居住空间,真正实现这一点的,正是一面充满动态的隔墙。对斯沃茨来说,它能够让夫妻两人轻松拥有各自独立的生活空间——这一点至关重要。他本人是一名设计师,相信好的设计能够让城市生活也成为奢侈的享受,而不是妥协将就。的确,为什么像这样的小面积公寓里就不能拥有能装得下 24 瓶红酒的酒柜呢?这面墙里不但隐藏着储物空间,还在电视机下方巧妙地插进了一张折叠书桌,当桌子打开,电视机便立刻化身为多功能的电脑屏幕。

虽说书桌是隐藏起来了,但斯沃茨并不希望打造一个在日常生活里随时都得把东西移来移去、打开收起的家。事实上,没有任何内置式的折叠家具是冲着经久耐用的目标制造的,而这一点,恰好是设计师所追求的。斯沃茨的梦想,是通过设计让古老的建筑焕发新生,适应现代生活需求,同时尽可能确保房屋在未来不再需要实施太多建筑结构上的改造。斯沃茨认为,面对日益严峻的城市人口问题,这是一项意义重大且完全具备可操作性的解决方案。在他的心目中,达令港小屋就是一匹可以随时涂抹或铲除颜料的油画布:未来的每一代住户都可以随心"作画",用家具、艺术品和个人物品打造出属于自己的个性空间。

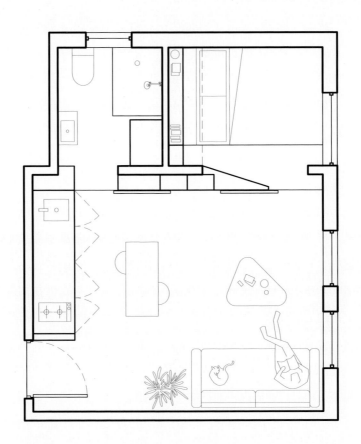

上图　卧室（或者说睡眠空间）设置在一处地台上，利用高差在这一区域与起居区之间拉出天然的分界线。地台下隐藏着管线系统，还藏着一个储物空间

下图　斯沃茨希望把公寓变成一幅空白的画布，因此安排了置物架等诸多细节，住客可以利用置物架展示个人物品与珍藏，在中性的空间添上独属于自己的个性色彩

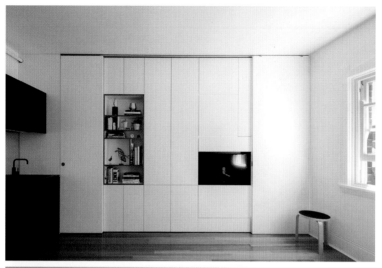

上图 移动隔墙能为卧室和浴室提供充分的
隐私保护
下图 墙体内藏有一张折叠书桌，拉开桌板，
嵌在墙上的电视机便可作为电脑屏幕使用

上图 墙板半开，即可实现室内各区域之间的光线与空气流通

下图 可容纳多达 24 瓶红酒的酒柜证明了斯沃茨的信念：生活在小空间里，并不意味着只能妥协将就

小旅馆客房

在巴黎蒙马特高地的脚下有一个不那么为人所知的地区，名叫"Goutte d'Or"，金水滴。它或许没有隔壁声名赫赫的邻居那样有艺术渊源——毕加索、凡·高、莫奈、雷诺阿、德加都曾在蒙马特生活或工作过——但这个地区与非洲的深厚渊源可以一直追溯到一百多年前。持续数十年的移民潮将无数人从曾经的法国殖民地带到这里，金水滴区俨然是一个属于非洲人的城中之城，也就无怪乎它会被称为"小非洲"了。在这里，小餐馆的菜单上写着坚果酱炖鸡和辣炖鱼这样的西非食物；露天市场里卖的是玫瑰茄饮和芭蕉；布店里高高堆着的是西非"蜡染"布，艳丽的色彩很是为灰扑扑的巴黎增添了几分亮色。如今，这个街区迎来了又一轮的"移民潮"，新住客都是手工业者：烘焙师、珠宝匠人、时尚与家居设计师，还有陶瓷艺术家萨拉·波伊尔杜。

23平米
Space Factory
法国，巴黎，金水滴区

对页图　通往夹层卧室的楼梯与公寓厨房的操作台浑然一体，俨然是后者的一部分。想要在这样一个单间公寓里加出夹层空间，只有将原来的阁楼纳入其中。但这个新空间的私密感和隐蔽感是此前的公寓绝对无法提供的

　　波伊尔杜和她的搭档买下了这间 23 平米的顶楼公寓，打算入住。他们希望公寓是一个宁静、温馨的空间，能够成为忙碌扰攘社区里的一剂解毒良药。他们告诉来自 Space Factory 的设计师奥菲利娅·多利亚和爱德华·鲁莱 – 马菲斯，他们需要打造一个符合自己居住需求的空间，但同时也要让客人或短租房客住得舒服。于是，便有了这间"小旅馆客房"。

　　公寓最初的布局包括两个小房间、一间迷你浴室及一个小阁楼。设计师团队最了不起的创举，就是拆掉阁楼楼板，另行打造了一个 8 平米的夹层。这个空间被用作卧室，为住客提供了一个可以暂时逃离脚下主空间的秘密基地。夹层的空间尺寸足够容纳一张大号双人床和适度的储物空间，古旧的窗框和黯淡的古董玫瑰红形成鲜明对比，让人不由得回想起儿时的玩具屋，或家中某一间真正的"小客房"。

　　夹层正下方是一个下沉式的玄关区，进门处比室内地面低一个台阶，以此消除低矮的天花板带来的压迫感。门口配有定制木家具，可用于收纳零碎物品。进门左手边是一个外套柜，此外，柜子内部设有洗衣空间，外侧设有一个上下两层的收纳空间，上层类似壁龛，可放置个人物品，下层则是鞋柜。

公寓中心是主起居区及与之相邻的厨房，得益于墙上并排的三组对开玻璃窗，整个房间既通风又明亮。设计师拆掉了这一区域的隔墙，使得整个公寓感觉上比实际面积大了很多。而原来的天花板被拆除后，房梁裸露出来，被刷成白色，相对粗糙的模样又为住宅增加了几分朴拙感。鉴于整间公寓都被设计为开放式布局，多利亚和鲁莱－马菲斯致力于将不同的设计细节编织进各个"区域"，在不动声色间划定它们各自的领域：餐厅一角由一盏简单的吊灯界定，这盏陶瓷灯罩的设计者和制作者都是波伊尔杜本人；厨房区域的地面铺上白色马赛克瓷砖，与其他区域的栎木地板区分开来；舒适的起居区则以整面墙的木工橱柜为边界，橱柜由宽敞的书柜和储物空间组成，此外，还有一台热水器被巧妙地藏在了冲孔门板的背后。

宁静感是屋主最看重的需求，因此，多利亚和鲁莱－马菲斯选择柔和的白色作为主色调，间以栎木原色、黄铜和复古的玫瑰色。在这个基础上，两位设计师还着力于打造一个舒适与便利性均不输于大户型的家，要实现这个目标，私密的卧室必不可少。阁楼提供了可利用的空间，但在最终方案确定之前，单是通往夹层卧室的楼梯，便经历了好几稿的设计。最终，设计师选择了分段处理的解决方案：第一步，造一段通往厨房操作台顶上的栎木台阶，它同时也可以是舒适的休闲座位；第二步，再搭一段梯子，覆盖从操作台到夹层卧室的最后五级台阶距离，这段楼梯同样使用栎木制成。这是一个非传统的尝试，然而，正如这套公寓脚下生机勃勃的社区，对它们来说，创意才是最重要的。

对页图 在这样的小户型空间里，多功能元素必不可少：台阶兼作座椅及储物空间，就连厨房操作台也成了台阶的组成部分

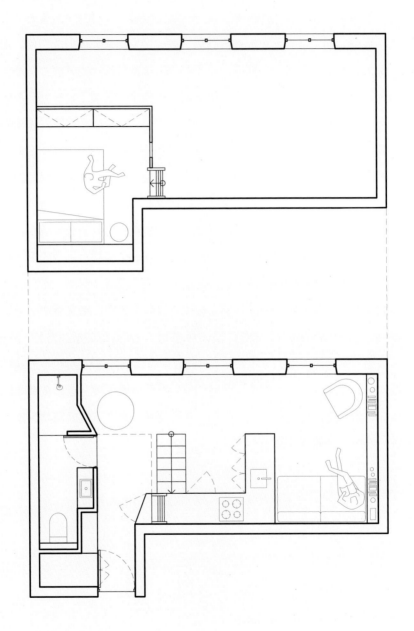

左图 作为点睛之笔，黄铜元素出现在厨房水龙头、橱柜把手和公寓其他区域的灯具配件上，将公寓各个空间串联了起来

右图 一盏吊灯框出了餐厅一角，灯罩的设计者正是公寓的主人之一，陶瓷艺术家萨拉·波伊尔杜

对页图　从地面、墙壁到天花板，浴室内部贴满了瓷砖，让人觉得天花板似乎比实际更高一些。下半段的蓝绿色瓷砖为这处空间增加了充满趣味的亮色

上图　起居室橱柜的冲孔柜门背后隐藏着公寓的热水器

Part Five: Innovate

第五部分：家的未来式

让想象飞得更远

在小户型住宅的设计中，创新意味着许多不同的东西。有时候，它是创造出前所未有的定制家具或大胆的功能特性；有时候，位置又成为设计的灵感之源。偶尔，创新还意味着将审美置于舒适之上，艺术置于功能之上，乃至于卓越的工艺高于一切。

来自Spacedge Designs的威廉·陈打造的阿列克斯公寓是极简主义的典范之作。它位于新加坡中心，从家具到涂料油漆的选择，无不精心考量，只为呈现出现代艺术博物馆一般的感觉。它的美，存在于质朴无华之中。与之截然相反的，是出自长居香港的设计师尼尔森·周之手的树屋，这套住宅的主角是屋外山坡上的树林，房屋不过是为了衬托它才存在于此。这是将户外引入室内的惊艳之作。

也有时候，设计师会彻底抛开教科书上的规则，或实践一个大胆的构想，或打破思维惯性，尽情开启多维度视角。例如，弗朗西斯卡·佩拉尼的"都市小木屋"就在厨房里贴上了数码打印的瓷砖，在起居室用上了超强化的木质刨花板，再利用光滑无比的蓝色树脂平衡了石头墙壁的凹凸与毛糙感。

在这一部分里出现的住宅都是独一无二的，每一个都那样与众不同，但它们表达的都是同一个主题。这些住宅全都出自富有远见卓识的设计师之手，他们都拥有超越同侪的眼光与胆魄。

微豪宅

　　顾名思义，对空间的"克制"并不是微豪宅的风格。来自 Studio Edwards 的设计师本·爱德华兹相信，我们每一个人都应当生活得更简单一些——占据更少的空间，拥有更少的财物。不过，拥有更少并不意味着要放弃"豪华"的享受。

　　当爱德华兹在菲茨罗伊找到这间 22 平米的单间公寓时，立刻被它相对经济的价格和紧凑的平面布局所吸引。这片位于墨尔本市内的城区充满了艺术气息，至于公寓本身，L 型的复合板材厨房和"丑陋的电器"都不免"有点儿面目可憎"，但房型是好的。

22平米
Studio Edwards
澳大利亚，墨尔本，菲茨罗伊

对页图　在爱德华兹的微豪宅里，大理石联手金色镜面，与黑色钢板、混凝土和刻意做旧的灰泥墙面形成了强烈反差

　　微豪宅位于一幢不起眼的公寓楼里，外观平平无奇。但在爱德华兹眼里，这恰恰有了为访客提供惊喜的可能。他的设想，是创造一个集出租与零售为一体的空间，访客可以放任自己沉浸在公寓的设计中，也可以选择将其中的某件物品买回家，也许是一盏灯，也许是一件艺术品。

　　踏进公寓房门，映入眼帘的第一件物品，是黑白双色的日式浴缸。这个小巧的深浴缸被隆重地安放在一块大理石基座上。大理石斜斜地一路铺上墙壁，伸展为一个三角，黑色的纹理与灰、白两色的底色构成了鲜明对比。充满戏剧效果的设计并非没有实际用途：基座下隐藏着浴缸的排水装置。

　　这套公寓无时无处不在鼓励着访客去探索，去触摸。然而，每一处富丽堂皇的设计都与另一处质朴元素形成平衡。厨房里，包钢的防溅板与橱柜一同对抗大理石的基座，形成反差。然而，厨房的一头就搁在大理石基座上，营造出悬空的视觉效果。厨房顶上有一段倾斜的灰泥天花板，隐隐透出些许野兽派的气息。穿过厨房和起居空间，两块巨大的金色镜面相对而立。除了放大空间外，金色还能带来温暖的感觉。和大理石一样，这些镜面也担负着双重功能。在本身用途之外，镜子还分别为下拉式大床和卫生间提供了隐身的伪装。

在兼作起居室与卧室的区域里，独特的渐变式喷漆最终在天花板上交汇出深灰的色调，为这个空间带来了几丝夜总会一般的亲昵与私密感。灯光让这一切变得更加有趣。公寓里的照明设施并不多，但布置得十分巧妙。倾斜的荧光灯条或是隐蔽，或是聚集，分布在不同的地方，营造出特有的情绪与质感。

然而，公寓中最吸引人的细节，还是墙壁高处的零星"伤口"。它们被刻意留出来，用以显露墙壁的空腔和钢筋混凝土结构——这是建筑外表下隐藏的个性层次。

一扇硕大的转轴钢门将起居区域延伸到了私人庭院中，就算关上钢门，与外部世界的联系依然存在。一扇移门或许也能达到同样的效果，然而，正是这些小小的细节，带来了运动感、戏剧效果和就这个空间而言出乎意料的尺寸比例，表达着爱德华兹的决心：丢掉火柴盒式的公寓模式，打破陈规旧俗。

在微豪宅里，没有什么是"安全"的选择。可最终呈现的效果却绝非混乱无序。归根结底，这是一个以个性化功能和愉悦感为出发点设计的家。爱德华兹将小空间视为实验的机会，而微豪宅的大胆设计证明了，"袖珍""实用"是可以与"魅力""丰盛""奢华"这样的词汇舒适共存的。

对页图　厨房粗糙硬朗的材质与公寓内其他
区域的奢华装潢形成了鲜明对比

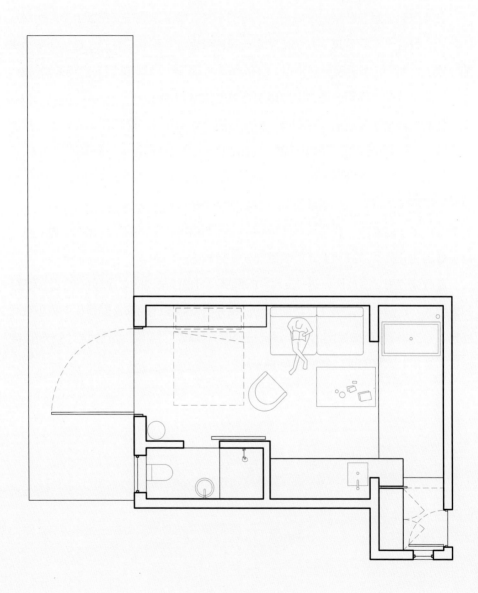

上图　厨房上方倾斜的灰泥天花板透露出野兽派的气息，隐藏的灯条更是巧妙地强化了这一点

对页图 独具特色的墙面与浴缸基座十分引人注目，都是采用大理石饰面板不规则拼接而成的

左图 下拉式大床隐藏在金色镜面壁板的背后，转眼便能将起居区变成奢华的卧室。与之相对的金色镜面后是隐蔽的卫生间

右图 爱德华兹选择金色镜面而非传统镜子来"激活"这个空间

阿列克斯公寓

　　选择一名设计师来诠释你梦想的家，是基于信任的游戏。如果你梦想的家是新加坡的一套公寓，在这样一个竞争激烈的房产市场上，要相信设计师能实现你的梦想，甚至需要一点信念。

　　但对新加坡 Spacedge Designs 的核心人物威廉·陈来说，当一个单身汉带着开放式的简单需求找上门来时，这样的信任却是天然具备的，因为客户坦承自己是他作品的忠实拥趸。威廉·陈面对的是一块空白画布，只是若要实现他的设想，还得将这套 47 平米公寓的内部设施彻底拆除，将它变成真正的"空白画布"。

47平米
Spacedge Designs
新加坡，武吉巴督

对页图　阿列克斯公寓冷峻、粗犷的极简主
义空间里也有精巧的装饰，跳脱的色彩和
精心摆放的家具营造出类似画廊的气质

阿列克斯公寓与它的主人同名，"短视"地完全以自我为中心。它没有招待客人的空间，不考虑转售，不去想未来的主人可能会如何看待这些过于简朴的墙面、柜面和不加修饰的边线切角。自1996年开始，新加坡政府强制要求每间公寓都必须备有一个足够面积的"防空洞"，阿列克斯公寓的"防空洞"很宽敞，平时可兼作储物空间或步入式衣橱。而事实上，它的日常用途很务虚，是一个设有背光照明的空灵"画廊"，陈列着主人惊人的乐高建筑模型收藏。

　　和"画廊"一样，这间公寓的表面功夫全都花在了功能区的规划上——工作、睡觉、吃饭、洗浴，完全依照主人的习惯布置动线。威廉·陈将这份最终的成果描述为"真正意义上的私人定制"。

　　公寓室内所有表面或是刷成白色，或是覆上复合木板，或是抹上微粒混凝土。仅有的亮色，是贯穿整个起居室的蓝色灯条和一个荧光橙色的"存钱罐"，后者很可能被误认作泰特现代美术馆的展品。房屋的承重横梁以粗糙得多的混凝土面目横空出世，在这个住宅中硬生生地插入了粗犷的一笔。

　　厨房十分低调，大部分隐藏在完美定制的橱柜背后，就连特别找来的铰链都隐藏在视线之外。然而，浴室却大大方方地暴露着。只是唯一能让人窥见的，也不过是微微倾斜的地板和淋浴喷头下可能还泛着潮的地面。这是一个私人定制的空间，它的主人很清楚自己是谁，想要什么——这本身就值得羡慕。

　　和挂在墙上的众多艺术品一样，阿列克斯公寓展现的是对完美的执着追求。它是居住欲望的表达，值得登上封面，赢得褒奖。每一根线条、每一处边界都完美地沉浸于它的锋锐之中，和所有伟大的艺术作品一样，这项设计是自我的，也是注定要引起争议的。它是一个真正的美的空间，但并不适合所有人。如今这个行业都在围绕着打造万应灵丹而忙碌，希望一个空间能适用所有人，能随时微调、变换模样。在这个时候，竟能看到一件专为某个人——某一个独一无二的人——而设计创造的东西，是足以让人耳目一新的体验。

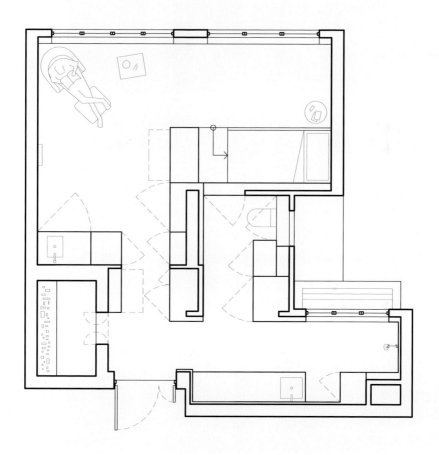

上图　在不牺牲美感的同时，巧妙设计的定制家具通过变形实现了多功能性

对页图　小面积的海军蓝消解了厨房中有机材料与冰冷混凝土之间的冲撞

上图　隐藏的铰链同时隐藏了无数橱柜和存
储空间的存在

对页图　厨房十分低调，很大程度上隐身在
了完美定制的橱柜背后

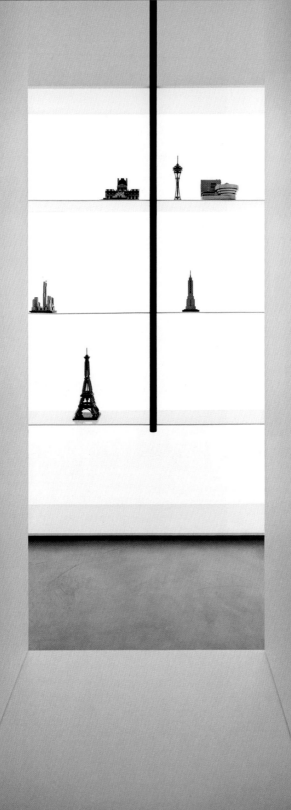

对页图　"防空洞"的另一大用途，是展示主人惊人的乐高建筑模型收藏

左图　锐利的线条与"防空洞"的背景光形成了反差

右图　"抽屉中的抽屉"是一个巧妙的解决方案，不但能提供充足的储物空间，还能在不用时完全隐身

树屋

　　绝大多数人都无法在自己的起居室里拥有一个坐观森林的景观位，更别说还是生活在一座拥有 750 万人口的城市里了。这样的奢侈享受必须大加称赏，即便是夸耀也不过分，室外景观必须成为住宅的亮点。在打造树屋的过程中，屋主／住户／设计师尼尔森·周将自己置身于香港中心这处稀有景观的林冠之中，把室外的景观引入了家中。

33平米
NC Design & Architecture
中国，香港，九龙

对页图　3 米的层高保证了在餐厅上方还有足够的空间可以加建一层阁楼式的主卧室

树屋有太多值得细细品味的细节，但首先，你必须对这样的景色怀有敬意。它被框入巨大的窗框之内，展现出令人叹为观止的美：在远处高楼林立的背景衬托下，是近在眼前的葱茏山坡。这样的美景，需要人花费一点时间来适应室内空间——这是设计好的。周刻意避开了偏明亮的色彩，他知道，太过明亮的室内色彩会对风景造成干扰。

一旦适应了，眼睛便会开始沉醉于树屋另外三面墙的色彩与材质迷阵之中：厨房里的黄铜防溅板是从前就有的，被设计师原样保留了下来；橱柜都是橄榄绿色；墙壁被漆成了森林绿，灯光变化时会呈现出近乎海蓝的色彩。

公寓面积只有 33 平米，但得益于足有 3 米的层高，设计师将卧室安放在了阁楼式的夹层里，留出了宽裕的地面空间来施展拳脚。悬挂在餐厅正上方的卧室也是对"树屋"概念的呼应。这间阁楼式的卧室夹层高 1.2 米，为餐厅区域留出了 1.8 米的层高。卧室外侧装饰着西班牙设计师帕特里夏·乌尔奇奥拉设计的陶瓦，瓦片拼就的土黄色棋盘花纹毫不谦逊地昭告天下：在它的背后，还藏着一些特别的东西。

卧室虽然被巧妙地藏了起来，却依然是公寓里最引人注目的部分。阁楼整体包裹着松木，巧妙地与下方沉郁的墙壁区分开来。沿着木头楼梯爬上阁楼，给人一种从幽暗森林地表爬上树冠的错觉。一扇能看到户外森林景色的小窗户将卧室变成了舒适的隐秘小窝，仿佛整个世界都远在这处空间之下。

在中高密度的住宅综合体中，小户型往往意味着设计师要受制于同行在多年前打造的建筑结构，而室内布局也多半受限于当时市政部门的审核。很少能在人口如此稠密的城市中见到这样一套公寓，面积如此之小，却有着整面墙的森林景观可供观赏。看到它能被人这般珍视、珍重，实在是太好了。

对页图 在香港，但凡能瞥见一抹森林的影子，便是难得的景观。这里有好几扇大窗可以让人尽享美景，其中一扇甚至纵跨餐厅和楼上的卧室

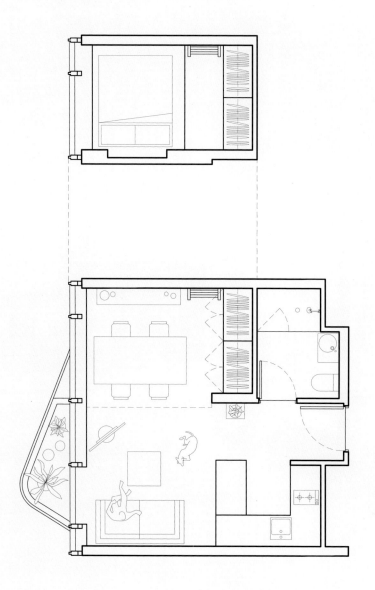

上图 餐厅提供了充足的休闲娱乐空间

下图 拥有木头内墙的阁楼卧室才是真正的
树屋，坐享窗外的林冠风光

第266—267页图 公寓以观景为核心主题，
深色内墙确保了森林始终占据视线的焦点

城市舱房

阿尔比诺蜗居于意大利北部的塞利亚纳河谷里。这座小城以纺织品闻名,是文艺复兴晚期画家乔万·巴提斯塔·莫罗尼的出生地,也是建筑设计师弗朗西斯卡·佩拉尼度过童年时光、并创办同名建筑设计事务所的地方。2008 年,佩拉尼受邀翻新一栋现代度假别墅,这栋 1968 年的建筑最初出自阿芒·马努基安之手。不久前,别墅主人再次邀请佩拉尼对别墅露台进行了额外改造。

25平米
Francesca Perani
意大利,贝加莫,阿尔比诺

对页图　舱房极其狭长,宽度仅 2.5 米,也就是说,灵活性和多功能设计至关重要。房间一头的落地柜里就藏着一张书桌

　　这处露台原本只是一个存放自行车和桌上足球台的储藏区，但佩拉尼的客户意识到，如果将它改造成一座独立的舱房，就能摆脱季节的局限，让简单的露台拓展出更多的功能。佩拉尼找来室内设计师伊莱莉亚·佩洛蒂合作，最终的成果既是小屋主人一家波斯血统的表达，也彰显着佩拉尼在色彩与纹理上大胆且充满游戏精神的追求。和别墅主体一样，露台外侧也贴着陶瓦，但它另有一个与众不同的装置：一面金属网折叠屏风优雅地立在南墙外。屏风顶端是连续的尖锐弧形，倾斜角度参照了古波斯建筑和太阳的投影，并结合隐私保护的需求做出了调整。

　　这是一个狭长的小空间，只有 25 平米，因此，一切内部装修都需要量身定制，并最大限度地实现灵活性与多功能性。室内用两种反差鲜明的装饰面板材料区分出不同空间。几乎所有起居生活空间都覆盖着欧松板（OSB 板、定向刨花板）。这是一种类似刨花板的建材，使用大块刨花条压合而成，比常规刨花板更坚实，更有质感。而在厨房区域，欧松板迎面撞上了视觉效果更加强烈的数码打印黑白瓷砖，后者是意大利瓷砖设计公司 41zero42 的作品。两种饰面营造出近乎冲突的效果，却借助塑料橱柜把手巧妙地完成了衔接过渡。这些把手是 20 世纪 60 年代的产品，升级改造后被用在了这里。

朝南的大窗确保了室内能获取充足的采光，经过墙外金属网的过滤，午后的阳光也变得温和起来。窗台都很深，可以同时充当临窗的座椅。窗户对面的固定长条凳同样兼具多项功能：既是座位，又是储物的深柜，还能在需要时铺上床垫变成床。

浴室里，光亮的蓝色树脂营造出一种戏剧般的效果，用佩拉尼的话说，这是"有关于波斯靛蓝的怀想"。从光滑的墙壁和地板，到一面凹凸不平还带有缝隙的现成石墙，整个浴室都浸泡在这样的蓝色中。白色的卫浴用具及配件在一色的房间里显得格外分明。

在这里，佩拉尼尝试了平价且独具一格的材料，强调了色彩的运用，试图借此探寻"彻底戏剧化的建筑设计风格"。作为设计者，她懂得如何在静态的环境中表达能量与韵律，简单说来，就是懂得如何为一个空间"充电"。与众不同的材质、纹理与斜线将这个城市里的舱房变成了一个高度独立的空间。但它绝非形式大于内容的案例。相反，佩拉尼的设计是成功的，因为它在各个方面都投注了极大的心血，从材料的经济性、空间的灵活性与私密性，到设计所表达的地域感，当然，还有住户的需求，无一遗漏。

对页图 佩拉尼为浴室选择了有光泽的蓝色树脂，这份"有关于波斯靛蓝的怀想"是对主人一家波斯–意大利血统的致意

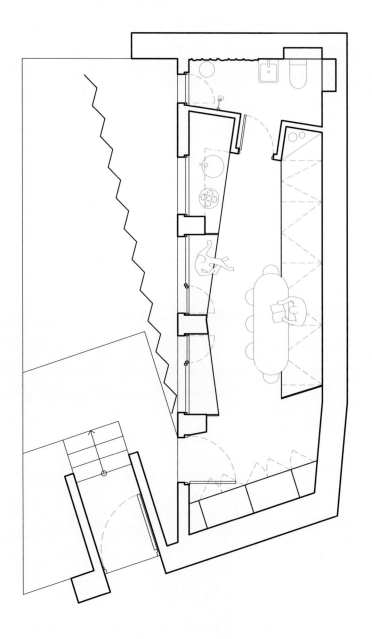

上图 金属网屏风提供了一定程度的私密
感，同时还能削弱意大利夏天刺眼的阳光

左图　窗台也是临窗的座椅，折线设计能让
交谈更轻松，同时赋予空间更多的动态感

右图　黑白色的厨房台面选择了意大利瓷砖
设计公司41zero42出品的数码打印瓷砖，与
几乎覆盖一切的欧松板形成戏剧化的冲突

对页图　对佩拉尼的客户来说，充足的储物
空间是最重要的。又深又大的储物箱拼成了
多功能的起居／就餐座椅，还能化身容人睡
觉的长凳

左图　精心设计的金属网屏风以其整体样式与
弧顶造型致意屋主一家的波斯血脉

宠物游乐场

很少有比九龙城更能代表小户型、高密度城市生活的样本了。这座极度拥挤的中国香港建筑是见诸书面记载最多的城市居住群落之一，阐释了社区在空间的局限下，为满足最基本的居住需求而不断调试、发展。

香港 Sim-Plex 建筑设计事务所的设计师帕特里克·林承认，这样的成长环境多少对他的设计理念有所影响。"长期生活在极狭小空间的经历，驱动着（我）去挖掘扩展有限空间的可能性。"

42平米
Sim-Plex Design Studio
中国，香港，元朗

对页图 在人口稠密的高层公寓里，宠物的一生几乎都在室内度过，这套公寓的设计目标就是让公寓内的所有成员都生活得尽可能舒适

正如它的名字所显示的，这套位于元朗的 42 平米公寓里住着一些非常特殊，并且需要常备充足补给的"居民"。屋主聘请林先生为他们一家、他们的鹦鹉及年迈的母亲与她的猫打造一个共同的家。

在小户型公寓里养宠物常常会是一件非常麻烦的事情。一只会走会跳的动物有自己的卫生、饮食、运动和"懒洋洋消磨时光"的需求，很容易侵占已经很局促的空间。然而，在这个家里，宠物的需求与人的需求同样重要，设计一个兼顾二者的家是不容商榷的要求——它需要相当强的规划能力和想象力。

对大多数人来说，清晨的阳光是令人愉悦的，可它会惊醒聒噪的鸟儿；猫咪在白天的大多数时间里都躺着，可它们的确需要空间玩耍嬉闹，发泄精力；家有老人，一切空间与设施都必须是安全且便于操作的。

一道由三扇磨砂玻璃移门组成的隔墙是这个家里最重要的秘密开关。它们从地面直抵天花板，只要轻轻滑动，便能将主卧室与餐厅彻底隔开，在提供必不可少的私密空间之余，也不会阻挡阳光穿过玻璃，照亮整间公寓。

起居区域被巧妙地抬高，额外"创造"出隐蔽的储物空间，若非如此，这些物品必然要占去宝贵的地面空间。浅枫叶饰面的环保型三聚氰胺板让定制橱柜和抽屉显得更加轻盈，最后，它还被完美地运用在四个轻巧的凳子上，家里的任何（人类）成员都能轻松移动。另一个实现最小化占用空间的设计是餐桌，它被巧妙地藏在了餐具柜里，可以顺滑地拉出或收起。

"我们希望找到一个切入点，通过空间布局达到隐私与互动的平衡，为解决年轻人与老人共居这样的社会难题带来一些新的启发。"林先生解释道。

从九龙到元朗不过短短数分钟路程，但嘈杂混乱的四方围城与宠物游乐场俨然两个截然不同的世界，后者处处都在展示着远见与执行力。不过，林先生在九龙城的生活经历与他做出的这份设计是有关联的。总而言之，要在小空间内实现良好的功能性，就必须尊重其中的所有成员——无论他们是咕噜咕噜、叽叽喳喳，还是能开口说话。

对页图　餐厅的桌子平时收起，只在需要时抽出使用，确保室内有足够的空间供顽皮的宠物玩耍

右图　三扇移门安装在横贯屋顶的轨道内，可以自由选择拉开部分或全部

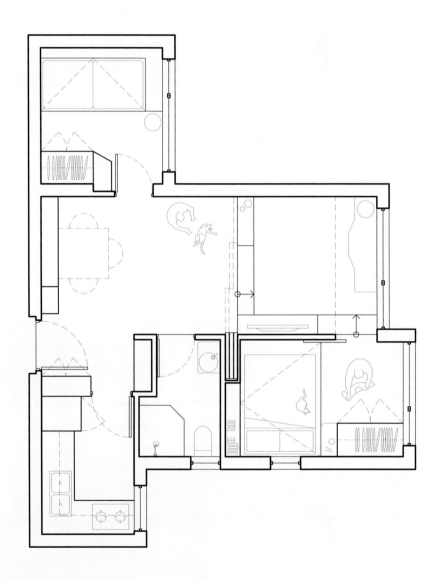

上图 抬高的地台清晰划分出不同的区域，同时留出了储物空间

下图 合上移门，宠物和人便都能获得一些私密空间

第 284—285 页图 公寓里有充足的地方供"毛孩子们"安全地玩耍、探险

上图 为不同类型的住户及其宠物设计住宅是一项挑战，然而，一旦了解并成功协调了每位成员对于隐私和娱乐的需求，所有辛苦便都是值得的

对页图 整间公寓的采光都依赖于这组大窗，在移门彻底拉开化身隔墙后，磨砂玻璃依然能为光线的流动留出通道

Credits 创作者列表

开罗公寓
Cairo Flat

建筑设计师
Architecture architecture
Michael Roper 迈克尔·罗珀
architecturearchitecture.com.au
摄影师
Tom Ross 汤姆·罗斯
tomross.xyz

塔拉公寓
Tara

建筑设计师
Nicholas Gurney
Nicholas Gurney 尼古拉斯·格尼
nicholasgurney.com.au
摄影师
Terence Chin 泰伦斯·秦
terencechin.com

经典街头公寓
Type Street Apartment

建筑设计师
tsai Design
Jack Chen 杰克·陈
tsaidesign.com.au

精细木工
Lee Cabinets
摄影师
Tess Kelly 苔丝·凯莉
tesskelly.net

乔治公寓
George

建筑设计师
WHDA
Douglas Wan 道格拉斯·万
whda.com.au
摄影师
Sherman Tan 谢尔曼·谭
shermantanstudio.com.au
Anthony Richardson 安东尼·理查森
anthonyrichardson.me

兔子场
The Warren

建筑设计师
Nicholas Gurney
Nicholas Gurney 尼古拉斯·格尼
nicholasgurney.com.au
摄影师
Michael Wee 迈克尔·韦
michaelwee.com.au

玩偶公寓
Boneca

建筑设计师
Brad Swartz Architects
Brad Swartz 布拉德 · 斯沃茨
bradswartz.com.au
摄影师
Tom Ferguson 汤姆 · 弗格森
tomferguson.com.au

拼图碎片公寓
Architectural (dis)Order

建筑设计师
Corpo Atelier
Filipe Paixão 菲利普 · 派尚
Rui Martins 鲁伊 · 马丁斯
Susana Café 苏珊娜 · 卡菲
corpoatelier.com
摄影师
Alexander Bogorodskiy 亚历山大 · 伯格罗
德斯基
photoshoot.pt

变装室
El Camarín

建筑设计师
iR arquitectura
Luciano Intile 卢西亚诺 · 因泰勒
Enrico Cavaglià 恩里克 · 加瓦利亚
irarquitectura.com
工匠
Fermín Indavere 费尔明 · 印达维尔
Rodrigo Perez de Pedro 罗德里格 · 佩雷
兹 · 德 · 佩德罗
Nicolas Mazzoni 尼古拉斯 · 玛佐尼

项目组
Esteban Basili 埃斯特万 · 巴西利
Guillermo Mirochnic 吉列尔莫 · 莫拉吉尼克
Cecile Elbel 塞西尔 · 阿尔贝尔
Sabine Uldry 萨宾 · 奥德莉
Tommaso Polli 托马索 · 波利
摄影师
Fernando Schapochnik 费尔南多 · 夏泼尼克
fernandoschapo.com

吕卡维特斯山的单间公寓
Lycabettus Hill Studio Apartment

建筑设计师
SOUTH architecture
Eleni Livani 埃莱尼 · 利瓦尼
Chrysostomos Theodoropoulos 赫里索斯
托莫斯 · 希尔德罗普洛斯
south-arch.com
家具设计
El Greco Gallery
elgrecogallery.gr
木匠
Fredi Rocci 弗雷迪 · 罗西
摄影师
Alina Lefa 阿丽娜 · 勒法
alinalefa.com

车位 LOFT
Loft Houses

建筑设计师
Brad Swartz Architects
Brad Swartz 布拉德 · 斯沃茨
Emily Elliott 艾米莉 · 艾略特
bradswartz.com.au
摄影师
Katherine Lu 凯瑟琳 · 鲁

katherinelu.com

米兰私家公寓
Private Apartment Milan

建筑设计师
untitled architecture
Bogdan Peric (Partner) 波格丹·佩里克
Andrey Mikhalev (Partner) 安德烈·米克哈勒夫
Stefano Floris 斯特凡诺·弗洛里斯
Evgenia Sokolova 伊芙吉尼亚·索柯洛娃
untitled.archi
承建商
Restauri Ancona 雷斯塔乌里·安科纳
摄影师
Giovanni Emilio Galanello 乔瓦尼·艾米里奥·加拉纳洛
g-e-galanello.it

切尔西公寓
Chelsea Apartment

建筑设计师
BoND
Noam Dvir 诺姆·德维尔
Daniel Rauchwerger 丹尼尔·罗克维格
bureaund.com
摄影师
Eric Petschek 埃里克·派特谢克
ericpetschek.com

编藤小屋
Rattan in Concrete Jungle

建筑设计师
Absence from island
Chi Chun 池春

Etain Ho 伊顿·霍
absencefromisland.com
摄影师
chi + ireen sit
@ireensssit

钢琴公寓
Piano Apartment

建筑设计师
A Little Design
Szu-Min Wang 王淑敏
architizer.com/firms/a-little-design
摄影师
Hey!Cheese
heybigcheese.com

四次元口袋屋
Yojigen Poketto

建筑设计师
Elii [oficina de arquitectura]
合作方
Uriel Fogué 乌里尔·弗格
Eva Gil 伊娃·吉尔
Carlos Palacios 卡洛斯·帕拉西奥斯
项目组
Ana López 安娜·洛佩兹
Eduardo Castillo 爱德华多·卡斯提洛
Lucía Fernández 露西亚·费尔南德斯
elii.es
摄影师
ImagenSubliminal
Miguel de Guzmán 米格尔·德·古兹曼
Rocío Romero 罗西奥·罗密欧
imagensubliminal.com

里维埃拉船屋
Riviera Cabin

建筑设计师
Llabb
Luca Scardulla 卢卡 · 斯卡杜拉
Federico Robbiano 费德里克 · 罗比亚诺
llabb.eu
承建商
Zena Costruzioni 泽纳 · 科斯特鲁乔尼
zenacostruzioni.eu
摄影师
Anna Positano 安娜 · 波西塔诺
theredbird.org

流动公寓
Itinerant

建筑设计师
T–A Square
Timothy Yee 提莫西 · 易
tasquare.com
摄影师
Jack Lovel 杰克 · 洛弗尔
jacklovel.com

贝克斯洛特汉姆公寓
Loft Buiksloterham

建筑设计师
Heren 5 architects
Sjuul Cluitmans 修尔 · 克拉特芒斯
Jeroen Atteveld 耶胡恩 · 阿特维尔德
heren5.eu
家具设计师
Paul Timmer 保罗 · 蒂默尔
paultimmer.nl

摄影师
Leonard Fäustle 雷昂纳多 · 法奥斯多
leonardfaustle.nl
Tim Stet 蒂姆 · 斯泰德
timstet.nl

开罗单间
Cairo Studio

建筑设计师
Agius Scorpo Architects
Nicholas Agius 尼古拉斯·阿吉厄斯
Claire Scorpo 克莱尔 · 斯加伯
agiusscorpo.com
精细木工
Peter Jarvis 彼得 · 贾维斯
Sam Reilly 山姆 · 莱利
摄影师
Tom Ross 汤姆 · 罗斯
tomross.xyz

卡卢特公寓
Karoot

建筑设计师
Branch Studio Architects
Nicholas Russo 尼古拉斯 · 罗素
branchstudioarchitects.com
室内设计师
The Set
Lauren Russo 劳伦 · 罗素
thisistheset.com
摄影师
Peter Clarke Photography
peterclarke.com.au

布雷拉公寓
Brera

建筑设计师
ATOMAA
Mert Bozkurt 麦尔特 · 波兹克特
Danilo Monzani 达尼洛 · 蒙扎尼
atomaa.eu
木匠
Giuseppe Marra 朱塞佩 · 马拉
摄影师
Luca Broglia 卢卡 · 布罗格里亚
lucabroglia.com

巴比肯单间
Barbican Studio

建筑设计师
SAM Architects
Melanie Schubert 梅勒尼 · 舒伯特
Sandi Johnen 珊迪 · 约翰
samarchitects.co.uk
摄影师
French + Tye
frenchandtye.com

小镇洋房
Small Town House

建筑设计师
Studio Mama
Nina Tolstrup 尼娜 · 托尔斯特鲁普
studiomama.com
创意总监
Jack Mama 杰克妈妈
摄影师
Ben Anders 本 · 安德斯
benanders.co.uk

达令港小屋
Darlinghurst

建筑设计师
Brad Swartz Architects
Brad Swartz 布拉德 · 斯沃茨
bradswartz.com.au
摄影师
Katherine Lu 凯瑟琳 · 鲁
katherinelu.com

小旅馆客房
La Petite Maison d' Hôtes

建筑设计师
Space Factory
Ophelie Doria 奥菲利娅 · 多利亚
Edouard Roullé–Mafféïs 爱德华 · 鲁莱 – 马菲斯
spacefactory.fr
陶艺与灯饰
Sarah Boyeldieu 萨拉 · 波伊尔杜
sarahboyeldieu.com
摄影师
Herve Goluza 赫尔夫 · 戈鲁萨
@herve_goluza

微豪宅
Microluxe

建筑设计师
Studio Edwards
Ben Edwards 本 · 爱德华兹
studio–edwards.com
摄影师
Fraser Marsden 弗雷泽 · 马斯登
frasermarsden.com

阿列克斯公寓
Alex

建筑设计师
Spacedge Designs
William Chan 威廉·陈
spacedge.com

造型师
Yong Woei Na 袁唯娜
摄影师
VC
@v.ee_chin

树屋
Tree House

建筑设计师
NC Design & Architecture
Nelson Chow 尼尔森·周
ncda.biz
摄影师
Dennis Lo 丹尼斯·罗
dennislo.com

城市舱房
Urban Cabin

建筑设计师
Francesca Perani
Francesca Perani 弗朗西斯卡·佩拉尼
francescaperani.com
室内设计师
Ilenia Perlotti 伊莱莉亚·佩洛蒂
摄影师
Francesca Perani 弗朗西斯卡·佩拉尼
francescaperani.com

宠物游乐场
Pets' Playground

建筑设计师
Sim-Plex Design Studio
Patrick Lam 帕特里克·林
sim-plex-design.com
摄影师
Patrick Lam 帕特里克·林
sim-plex-design.com

关于创作者

"家永远不会太小"诞生于一个愿望：即便只拥有一处小小的住宅，也想要生活得更好。2017年，徐国麟正居住在墨尔本市中心一套38平米的公寓里，一心想找到一些案例，看一看，是否有类似的小户型公寓通过巧妙、精彩的设计实现了脱胎换骨。他充分发挥自己身为资深电影制作人的优势，开始在小户型设计领域寻找并采访澳大利亚最出色的室内设计师。这些采访视频最终变成了YouTube网站上的一个频道："家永远不会太小"。

在第一季发布的三年时间里，节目累积了超过140万人的订阅量。栏目不断成长，渐渐成为一个有机的大家族，关注人数也随之不断增长。本书正是这个家族的成员之一。如今，在小户型建筑设计领域，"家永远不会太小"是全球公认的最佳样本集。

徐国麟和他的核心团队虽然常驻澳大利亚墨尔本市，却得到了世界各地许多才华横溢的合作者的支持。面对我们这颗星球上不断发展的大小城市，他们抱有共同的期望，期望城市的未来更包容，有更多持续发展的空间。他们相信，要实现这一目标，小户型住宅设计必然是其中不可忽视的一股力量。

致谢

像这样的一本出版物，其品质取决于它所展示的设计案例。因此，我们想要首先感谢所有允许我们分享其伟大作品的建筑设计师们。我们对你们深怀敬意，如果没有你们为这个世界付出的努力，就不会有"家永远不会太小"这个项目的存在。感谢你们给予我们灵感与启发，感谢你们的慷慨和对"家永远不会太小"的支持。此外，我们要特别感谢本·爱德华兹（Ben Edwards）、布拉德·斯沃茨（Brad Swartz）和尼古拉斯·格尼（Nicholas Gurney），谢谢你们这么久以来从不间断的支持；还有ATOMAA的了不起的团队，你们是最优秀的。

才华横溢的摄影师们，你们富于艺术性的创作为这些设计注入了生命，感谢你们能允许我们在书中使用这些美丽的图片。尼克·阿吉乌斯（Nic Agius），谢谢你以超一流的专业素养为我们提供了最完美的平面图。克里斯蒂安·门多萨（Khristian Mendoza），感谢你为这本书赋予了一以贯之的品牌面貌与气质，谢谢你为《50平米的家就足够好了》中的一切所注入的色彩、信念与连贯性。保罗·麦克纳尔（Paul McNally）、Smith Street Books出版公司、塔利亚·安德森（Tahlia Anderson）和Evi O Studio工作室，谢谢你们的指引与耐心，让我们相信，我们能够并且应该写出这样一本书。

谢谢你们，"家永远不会太小"的观众们。从发布第一个视频开始，我们所做的大多数事情，包括这本书的出版，都是因为有你们从不言弃的关注，因为有你们带来的播放量在支持着我们。对此，我们心怀最虔诚的感激。最后，我们要对林赛·巴纳德（Lindsay Barnard）说：从很多意义上说，这本书都是属于你的。你或许没有参与过这些项目里的任何写作、编辑、设计乃至于拍摄工作，但是你做的一切，让这本书的诞生成为可能。谢谢你。

——徐国麟、乔尔、伊丽莎白

没有这些优秀的人，就不会有"家永远不会太小"这样一个项目的存在：我们永远精力十足的制作者，林赛·巴纳德、卢克·克拉克（Luke Clark），谢谢你们；"家永远不会太小"的联合创始人詹姆斯·麦克弗森（James McPherson），谢谢你是这样一位坚定的信赖者，谢谢你投入了这么多的时间与资金，帮助这个设想成为现实；谢谢西蒙·戴维斯（Simon Davies）在项目起步之初所给予的鼓励——谢谢，伙伴们！

在此，我还想感谢设计师本·爱德华兹，谢谢你愿意第一个出现在我们YouTube频道的节目里——尽管我们还从未谋面。谢谢乔尔和伊丽莎白，谢谢你们愿意花费无数个小时来倾听我与设计师们的对话，写出这本出色的图书，你们太棒了！谢谢我们的出版商保罗·麦克纳尔，感谢你相信我们能完成这本书，感谢你将《50平米的家就足够好了》送上了泰特现代美术馆的书架，让我梦想成真。谢谢你，马克·亚历山大（Mark Alexander），谢谢你的爱与支持，谢谢你帮助我们赢得了YouTube上的最初100位订阅者。

当然，也是必不可少的，我要感谢我的兄弟姐妹和父母，感谢他们无条件的爱，感谢他们永远都愿意相信我的梦想。感谢每一位出现在《50平米的家就足够好了》里的设计师，谢谢你们愿意拿出时间，将你们的专业知识与我们分享。最后，衷心感谢你们，每一位在这段美妙旅程中与我相伴的人，对此我永远铭感于心。

——徐国麟

谢谢国麟和詹姆斯（James）慷慨地将我带入"家永远不会太小"的世界，成为创始人的一员；感谢"家永远不会太小"团队，你们是如此热情温暖。我常常会忍不住惊叹：这样精炼的一个团队，怎么竟能完成这样多的事情，视频、纪录片、电视系列片，而现在，竟然又出了一本书！

林赛，这本书能够出版，你的热忱与组织能力发挥了巨大作用。谢谢你，愿意理解我的工作方式，能明白什么时候应该介入。伊丽莎白，谢谢你为这本书写下的文字，谢谢你愿意相信这样一个构想，还将它实现得如此好。如果没有你，这本书的内容或许就只能完成一半，更别说优秀程度，或许就只有一半的一半了。

福克西（Foxy），谢谢你打造了一个能让我尽情创作的世界。谢谢你耐心倾听我所有不成熟的想法，给予我温暖、诚恳的反馈。谢谢你在截稿前的那些深夜里化身酒保，为我端茶倒酒。我爱你。

哈德利（Hadley）、罗森（Lawson），你们快乐的小脸蛋总会突然冒出来，好奇地想要查探我究竟在做什么，这永远是最让我欢喜的打扰。谢谢你们努力假装关心这本书。希望在未来的某一天，你们能够读到它，还能想起那个我闭关写作的冬天。

——乔尔

国麟，是你带来了如今的这一切。谢谢你描绘出那样清晰的蓝图，将我们一起带入这段美妙的旅程，与你同行。我永远感恩已经到来的与未来即将到来的所有机会，它们都是上天的恩赐。詹姆斯，谢谢你的支持，给我去探寻这些机会的自由，谢谢你所有的投入、牺牲与冒险，让我们有机会成为这项目中的一员，不断从中收获激励与灵感。乔尔，谢谢你的信任，让我与你共同完成这本书，谢谢你优雅的文字定下了如此高的写作标准，谢谢你相信我也能够做得到。LJ，我真心认为，如果没有你迷人的魅力，没有你的锲而不舍、不吝建议与循循善诱，没有你每一分隐身幕后的努力，这本书此刻或许依然只是一部草稿。无论在工作上，还是生活中，你都像一束阳光，照亮了我的生命。谢谢你。

盖伊（Gaye），感谢你在幕后对《50平米的家就足够好了》的所有支持；感谢你在这些年里购买了那么多设计书籍，并分享给我们；感谢你对我所做的一切都给予坚定不移的支持——这一次也不例外。阿列克斯（Alex），感谢你在我写作这本书时包容我的失眠，接过了照顾孩子的额外责任；感谢你亲切地对我的草稿提出意见——是太啰唆，还是不够好；感谢你总会在我力不从心时带来安慰。最后，但绝非最不重要的，谢谢塞巴斯蒂安（Sebastian）和威廉（William），谢谢你们让这段旅程和旅程中的一切都变得更明媚、更快乐。

—— 伊丽莎白

50平米的家就足够好了

作者 _ [澳]徐国麟　[澳]乔尔·比思　[澳]伊丽莎白·普莱斯　译者 _ 杨蔚

产品经理 _ 张晨　装帧设计 _ 董歆昱　产品总监 _ 应凡

技术编辑 _ 顾逸飞　责任印制 _ 刘世乐　出品人 _ 吴畏

果麦
www.guomai.cc

以 微 小 的 力 量 推 动 文 明

图书在版编目（CIP）数据

　　50平米的家就足够好了 / （澳）徐国麟，（澳）乔尔·比思，（澳）伊丽莎白·普莱斯著；杨蔚译. —天津：天津人民出版社，2023.4
　　书名原文: Never Too Small
　　ISBN 978-7-201-12994-5

　　Ⅰ. ①5… Ⅱ. ①徐… ②乔… ③伊… ④杨… Ⅲ. ①住宅－室内装饰设计 Ⅳ. ①TU241.02

　　中国国家版本馆CIP数据核字（2023）第038588号

著作权合同登记号 图字：02-2023-026号

Never Too Small: Reimagining Small Space Living
Original English Language edition
Copyright text © Never Too Small
Copyright photography © for all project images, see individual credits on pages 288–293
Published by arrangement with the original publisher, Smith Street Books (smithstreetbooks.com)
Simplified Chinese Translation copyright © 2023 By GUOMAI Culture & Media Co.,Ltd.
All Rights Reserved.

50平米的家就足够好了
WUSHI PINGMI DE JIA JIU ZUGOU HAO LE

出　　版	天津人民出版社
出 版 人	刘　庆
地　　址	天津市和平区西康路35号康岳大厦
邮政编码	300051
邮购电话	022-23332469
电子信箱	reader@tjrmcbs.com

责任编辑	康悦怡
产品经理	张　晨
封面设计	董歆昱

制版印刷	北京尚唐印刷包装有限公司
经　　销	新华书店
发　　行	果麦文化传媒股份有限公司
开　　本	720毫米×960毫米　1/16
印　　张	19.25
印　　数	1–7,000
插　　页	4
字　　数	160千字
版次印次	2023年4月第1版　2023年4月第1次印刷
定　　价	128.00元